# JAMES WEBB
# SPACE TELESCOPE
# SCIENCE GUIDE

# 詹姆斯·韋伯
# 太空望遠鏡

# 詹姆斯・韋伯太空望遠鏡
## 宇宙探索的新起點

編　　著：太空望遠鏡科學研究所（STScI）
翻　　譯：徐麗婷
主　　編：黃正綱
資深編輯：魏靖儀
美術編輯：余　瑄
圖書版權：吳怡慧

發 行 人：熊曉鴿
總 編 輯：李永適
印務經理：蔡佩欣
發行經理：吳坤霖
圖書企畫：陳俞初

出 版 者：大石國際文化有限公司
地 址：新北市汐止區新台五路一段97號14樓之10
電 話：（02）2697-1600
傳 真：（02）8797-1736
印 刷：博創印藝文化事業有限公司

2023年（民112）2月初版
定價：新臺幣 380 元
大石國際文化有限公司出版
版權所有，翻印必究
ISBN：978-626-96369-6-9（平裝）
＊ 本書如有破損、缺頁、裝訂錯誤，請寄回本公司更換

總代理：大和書報圖書股份有限公司
地址：新北市新莊區五工五路2 號
電話：（02）8990-2588
傳真：（02）2299-7900


國家圖書館出版品預行編目（CIP）資料

詹姆斯・韋伯太空望遠鏡：宇宙探索的新起點/太
空望遠鏡科學研究所(STScI)編著；
徐麗婷 翻譯 -- 初版. -- 新北市：大石國際文化,
民112.2　　192頁；14 x 20.8公分
譯自：James Webb Space Telescope Science
Guide
978-626-96369-6-9(平裝)

1.CST：天文望遠鏡 2.CST：太空探測

322.12　　　　　　　　　　　　　　111019501

JAMES WEBB
SPACE TELESCOPE
SCIENCE GUIDE

# 詹姆斯‧韋伯
# 太空望遠鏡

## 宇宙探索的新起點

編著：太空望遠鏡科學研究所（STScI）
翻譯：徐麗婷

Boulder
Media 大石文化

**HubbleSite & WebbTelescope**

Produced by the Space Telescope Science Institute

# 目錄

# 第一章

# 前言

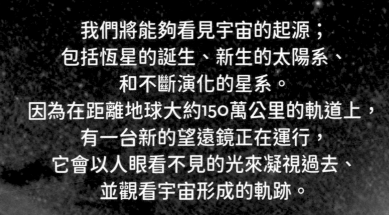

我們將能夠看見宇宙的起源；
包括恆星的誕生、新生的太陽系、
和不斷演化的星系。
因為在距離地球大約150萬公里的軌道上，
有一台新的望遠鏡正在運行，
它會以人眼看不見的光來凝視過去、
並觀看宇宙形成的軌跡。

**詹**姆斯·韋伯太空望遠鏡（James Webb Space Telescope）是NASA的新一代軌道天文台，也是哈伯太空望遠鏡（Hubble Space Telescope）的後繼者。這個跟網球場差不多大的望遠鏡，在遠超過月球距離的軌道上運行。韋伯能夠偵測到紅外線輻射，就像哈伯可以在可見光波段觀測一樣。

紅外線的觀測對我們了解宇宙非常重要。我們可以在紅外線波段偵測到距離地球最遠的天體；而較低溫的天體雖然在可見光看不見，卻可以在紅外線被偵測到；且紅外線能夠穿透塵埃，讓我們看見深埋在塵埃深處的天體。人類對於宇宙樣貌的理解才剛開始成形，而韋伯即將獲得大量的新發現，這將會為人類打開觀測宇宙的大門。

透過頂尖的科技，NASA、歐洲太空總署（ESA）和加拿大太空總署（CSA）的科學家和工程師，合作把韋伯望遠鏡一點一點建構起來，成為一套創新的天文台。它不僅可以抵禦酷寒的太空環境，而且還能轉而利用酷寒帶來的優勢。韋伯能夠摺疊起來，裝進火箭內部發射升空，然後到了快要接近軌道時，再像蝴蝶打開翅膀一樣的展開。2021年12月25日，韋伯望遠鏡在法屬圭亞那發射，於2022年1月25日抵達位於第二拉格朗日點（L2）的預定觀測位置，展開對宇宙的探索。超新星和黑洞、新生星系、和有可能發展出生命的行星——韋伯將幫助我們解答某些天文學中最大的謎團。

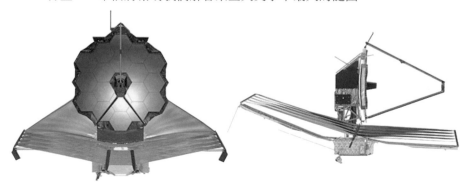

韋伯太空望遠鏡
極具野心地展現了
人類純粹的好奇心
和極具智慧的創新。
韋伯的使命是
了解宇宙的演化，
也就是行星、
恆星和星系
如何從年輕原始的
結構中形成。

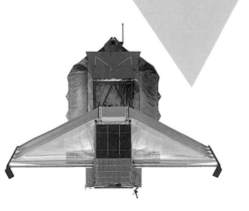

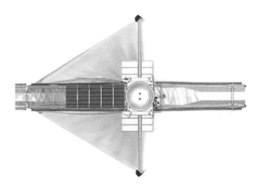

# 細究宇宙時空

Sifting Through Co

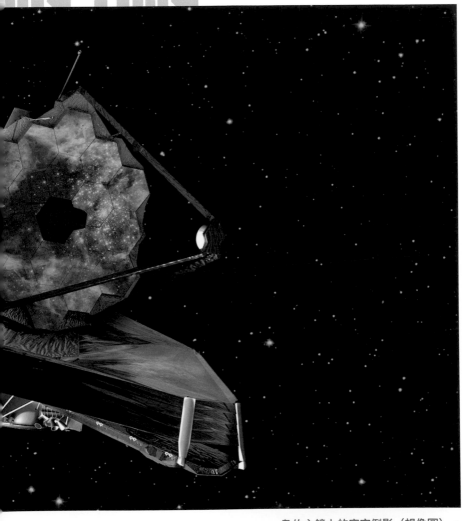

韋伯主鏡上的宇宙倒影（想像圖）。

**韋伯太空望遠鏡
是一台宇宙的時間機器……**

- 觀測第一代星系……
- 追蹤星系演化的軌跡……
- 揭開恆星和行星的誕生之謎……
- 找到其他可能有生命存在的世界。

## 未來的願景
### 韋伯將能揭露宇宙起源的祕密

哈伯太空望遠鏡的開創性發現，清楚地向我們表明：我們還需要更深入地探索宇宙。這也是我們對哈伯的繼承者詹姆斯・韋伯太空望遠鏡的期待。韋伯將會面對在紅外線宇宙中發現的新謎題，並回答人類自古以來的疑問：恆星、星系和行星為什麼會存在？宇宙中只有我們嗎？

　　哈伯太空望遠鏡在三十多年前開始了宇宙探索之旅，而今韋伯太空望遠鏡將延續哈伯的志業，帶領我們展開更加宏偉的旅程。就如同哈伯過去對我們所示範的，韋伯未來的重要發現必將讓我們更了解過去從未想像過的天體現象。

韋伯太空望遠鏡的3D外觀

## 宇宙的黎明

后髮座星系團中的一個「島宇宙」。

有充分的證據顯示，宇宙是在137億年前，夾帶著驚人的能量與奇異的粒子，從我們已知的物理邊界開始膨脹的。但是無數的恆星和星系是如何從這樣原始的激烈環境中生成？韋伯將可以給我們答案。它會看到宇宙生成的第一代星系，說不定還能看到第一批爆發的恆星。

## 尋找新世界

仍有新恆星誕生的古老星系團。

在我們的銀河系中，閃耀著超過1000億顆恆星的光芒。我們的太陽與行星已經在這個星系中存在了45億年。但是，就連我們的地球和太陽，也尚未對我們吐露它的身世之謎。透過對銀河系中育孕恆星的區域作深入的觀測，我們最終將能了解像地球這類行星的起源。

太陽系外行星的想像圖。

## 尋找行星上的生命

我們生活在宇宙中一個被隔絕的小世界裡──這裡是我們所知道的唯一的生命堡壘。然而,隨著每一個新行星的發現,我們了解到其他恆星之間愈來愈有可能有生命存在,儘管這樣的線索仍十分難以掌握。而韋伯將以足夠的解析度和靈敏度,對恆星周圍的行星作詳細的觀察,並嘗試尋找水蒸氣的光譜特徵。韋伯甚至可以測量與生命有關的化學成分,即大氣中是否有氧氣、二氧化碳和甲烷。

## 對紅外線視野的需求

1994年，在哈伯太空望遠鏡升空後僅僅四年，天文學家就開始構思下一個大型的太空天文台。雖然哈伯在解開宇宙的奧祕上有卓越的進展，但另一種在科學上非常強大的新型望遠鏡正逐漸出現，這種望遠鏡將在距離地球很遠的地方運行，體積比過去發射到太空的所有望遠鏡都要大，而且是針對紅外線觀測進行最佳化設計。

在天文學中，電磁光譜中的紅外線波段提供了非常豐富、寶貴的科學數據。而且，隨著哈伯太空望遠鏡徹底改變了可見光學天文學，下一代天文台將在紅外線波段上做出同樣重大的貢獻，因為對於非常古老、遙遠的宇宙，紅外線觀測扮演了關鍵的角色。

星光在太空中前進了數十億光年，會受到宇宙膨脹效應的影響。在穿越宇宙的旅程中，隨著空間本身的膨脹，光波會被拉長（也就是位移）到更長、更紅的波段。最後到達地球時，最遙遠的恆星發出的可見光已被拉長到只能在紅外線波段中偵測到。　因此，宇宙最早期的恆星和第一代星系從可見光的視野中消失了，一來是因為它們距離地球太遙遠，再者也是因為宇宙本身從大霹靂開始就持續地高速膨脹。

為了將視野擴展到更遙遠的宇宙，天文學家必需設法偵測到更暗的天體，並觀測到紅外線中更遠的波段。

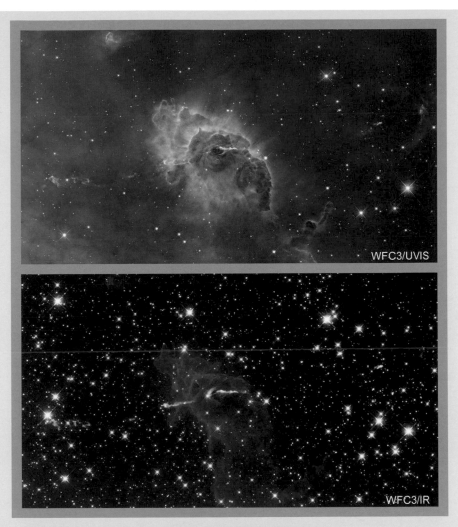

WFC3/UVIS

WFC3/IR

## 可見光 vs. 紅外線：船底座的恆星噴流

這兩幅哈伯影像拍攝的是同一個畫面，上圖為可見光，下圖為紅外線，可看出天體在可見光與紅外線波段中截然不同且互補的影像。

ACS

NICMOS/A

## 在不同觀測波段中的渦狀星系（Whirlpool Galaxy）

左圖以較短波長的光（可見光）拍攝，光線主要來自渦狀星系中的恆星。而在較長波長的紅外線中，星光會消退，我們看到的是來自星際塵埃發出的光。

　　紅外線的波長較長，可以穿越密集的分子雲，可見光則無法穿透分子雲。這種跨距以光年計的塵埃和氣體團是孕育恆星的地方，新的恆星出現之後，周圍的塵埃環中的碎屑也會合併成新的行星。

　　紅外線之所以受到重視，也在於它可以顯示出原本看不見、寒冷、黑暗的宇宙。太空中有很多吸引人的天體發出的可見光很微

## 褐矮星雙星系統（想像圖）

圖中的主褐矮星被周圍一圈盤狀物質包圍。褐矮星太小太冷，不能像恆星一樣發光；但又因為太大太熱，不能被歸類為行星。

弱，甚至完全沒有。其中包括被稱為褐矮星（brown dwarf）的失敗恆星、正在生成的恆星和年輕的行星，以及在我們太陽系外圍的冰冷天體。這些天體和其他許多發出明亮紅外線光芒的天體，正等待著韋伯望遠鏡來擴展我們的視野，並且開拓另一片新的宇宙研究領域。

韋伯望遠鏡以兩種方式來研究宇宙：獲取紅外線影像，以及透過光譜學。

光譜學是指將光分解成它的組成顏色，以進行研究和分析的方法。就像用棱鏡把光分散成各種顏色一樣，光譜儀會把光分散成各種波長的光，進而可以詳細地檢驗天體所包含的元素、速度和紅移的資訊。

紅外線天文學的科學實證能力是明確且強大的，因此美國國家研究委員會（National Research Council）已在連續兩個十年計畫中，將紅外線天文學列為天文研究的重點項目。

2001年，韋伯太空望遠鏡被列為美國大型太空任務中最優先執行的任務。2010年8月，國家研究委員會再次設定了優先發展的科學項目，明顯看出韋伯望遠鏡對於這些重要科學領域的研究是不可或缺的。在這份報告中，2010年代的三大優先科研主軸是：宇宙的第一道光、新世界和宇宙的物理本質。韋伯望遠鏡在前兩項目標中扮演帶領前進的角色，並為第三項目標提供重要的輔助。美國國家科學院（National Academy of Sciences，縮寫為NAS）在《2010天文十年調查》（2010 Decadal Survey for Astronomy）報告當中強調，韋伯望遠鏡無論是獨立作業，還是與其他下一代地面和太空天文台合作，都是未來的天文學發展的樞紐。

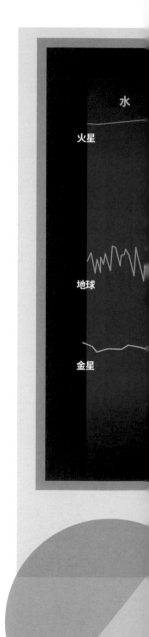

水
火星
地球
金星

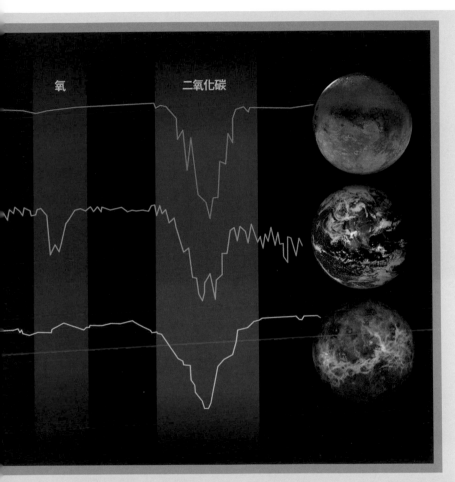

## 三顆行星的光譜分析

光譜能幫助我們識別行星的大氣組成。藉由研究光譜線中低谷和高峰的數值，科學家可以分辨出行星是否有類似火星、地球和金星的大氣組成。

## 揭開冰冷、黑暗的宇宙

18世紀英國天文學家威廉·赫歇爾（Frederick William Herschel）是第一個發現人眼看不見某些光線的科學家。他的實驗發現了一種超出可見光紅色波段的能量，後來稱為紅外線，人體只能以熱能的形式感受到。例如我們伸手在火堆上取暖時，就正在經歷紅外線的輻射。

然而要再過一百年，科學家才開始解開紅外線宇宙的祕密。1960年代，這個新領域的研究開始慢慢起步，最初是把紅外線探測器裝設在氣球上，升高到地球大氣層的高度，後來改為把紅外

**1800年**
威廉·赫歇爾（1738-1822）
發現光譜中的紅外線。

**1920年代初**
賽斯·尼克森
（Seth Nicholson，最右）
和愛迪生·佩迪特
（Edison Pettit，左二）
測量出月球、行星、
太陽黑子和恆星的
紅外線波長與溫度。

**1967年**
高星計畫（Project Hi Star）
以4、10、20微米
的紅外線波長進行宇宙觀測
使用一台以火箭搭載、
附冷卻系統的紅外線望遠鏡
可連續觀測數分鐘

線儀器安裝在高空飛行的飛機上。這些初始階段的實驗攝得的影像雖然模糊，但是引起科學家很大的興趣，這些畫面首次揭露了一整個從前看不到的宇宙。

　　然而，為了取得進一步了解，紅外線天文學還需要經歷一連串的進展。於是科學家開始尋找更理想的觀測處所，並且激發紅外線探測器的創新。

　　山頂上的天文台可以針對紅外線觀測的主要需求，提供更好、更穩定的觀測窗口。

**1974年**
由C-141運輸機改裝的
古柏機載天文台
（Kuiper Airborne
Observatory，
縮寫為KAO）
開始進行研究作業，
觀測波長範圍為1-500微米。

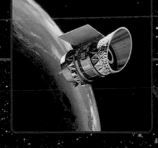

**1983年**
NASA、荷蘭和英國合作的
紅外線天文衛星
（Infrared Astronomical
Satellite，縮寫為IRAS）升空，
以12、25、60、100微米
四種波長觀測天空。

**1995年**
歐洲太空總署發射
紅外線太空天文台
（Infrared Space
Observatory，
縮寫為ISO），
觀測波長範圍
為2.5-240微米。

那些高山地區的海拔和乾燥環境,對天文學家來說非常理想,因為研究近紅外線和中紅外線天文學正需要這樣的條件。但即使高山上空氣稀薄,帶來的難題還是限制了紅外線天文學的發展,因為大氣本身就算在最冷的情況下,也會發出紅外線,而阻擋一部分來自宇宙的紅外光。如果天文學家想要得到紅外線宇宙的純淨視野,就一定要到地球大氣層以外的地方才有辦法。

最早實行這種高空觀測的新方法,是1980年代第一台發射到地球軌道上的紅外線望遠鏡。這架由NASA率先研發設計的紅外線天

**1997年**
二微米全天巡天觀測
(Two Micron All-Sky Survey,
縮寫為2MASS)
於美國亞利桑那州開始運作,
進行1.25微米、1.65微米和
2.17微米三個紅外光波段的
全天高解析拍攝。

**1997年**
近紅外線相機與多目標分光儀
(Near Infrared Camera
and Multi-Object
Spectrometer,
縮寫為NICMOS)
在哈伯第二次
維護任務中
安裝到哈伯望遠鏡上。

**2003年**
大型軌道天文台計畫的
最後一部望遠鏡:
史匹哲太空望遠鏡
在美國佛倫里達州升空。

文衛星（Infrared Astronomical Satellite，縮寫為IRAS）繪出了全天的地圖，發現天空充滿了紅外線光源；之後由史匹哲太空望遠鏡（Spitzer Space Telescope）接手，這是一架更大、更先進的儀器，也是NASA大型軌道天文台（Great Observatories）計畫的太空望遠鏡之一。史匹哲再加上哈伯的成功，共同為韋伯望遠鏡的構想設計與技術發展奠定了堅實的基礎，韋伯結合了這兩部大型軌道天文台的優點，兼具哈伯的解析度，和史匹哲的紅外線觀測能力，但感光度比這兩架望遠鏡都要高得多。

**2009年**
第三代廣域相機
（Wide Field Camera 3）
在哈伯第四次維護任務中
安裝到哈伯望遠鏡上。

**2010年**
由改裝波音747SP型機
搭載的同溫層紅外線天文台
（Stratospheric Observatory
for Infrared As-tronomy，
縮寫為SOFIA），
在1萬2000公尺高空
展開對木星的第一次
紅外線觀測。

**2021年**
韋伯太空望遠鏡於
12月25日升空。

# 巨大的太空鏡面
## The Giant Space M

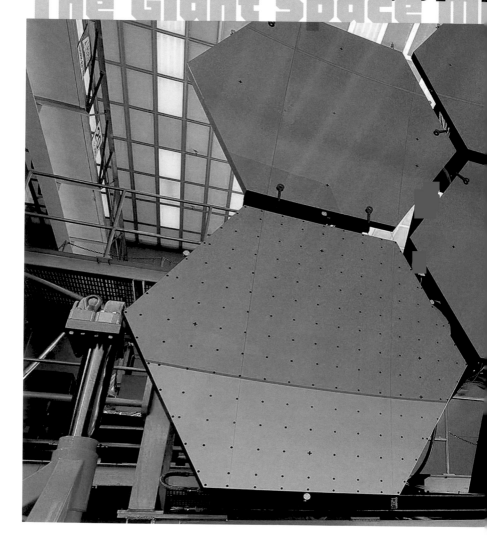

工程師正在檢查尚未鍍膜的韋伯主鏡

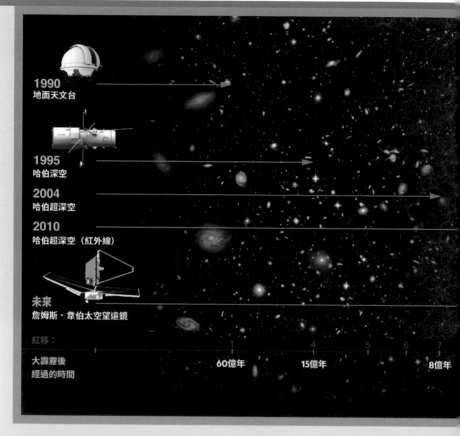

 中包含的文字標示:

1990
地面天文台

1995
哈伯深空

2004
哈伯超深空

2010
哈伯超深空（紅外線）

未來
詹姆斯·韋伯太空望遠鏡

紅移：
大霹靂後
經過的時間

1        4        5    6    7

60億年        15億年            8億年

## 各天文台探索早期宇宙的能力比較圖

**紅**外線天文學下一階段的發展，就不是單單建立在上述傑出的先驅儀器之上了。韋伯望遠鏡在各方面都比先前的儀器更加卓越，它同時利用了光學和機械工程上的創新，製造出人類曾經送上太空的最大鏡片。韋伯主鏡的尺寸是太空望遠鏡中前所未見的，紅外線天文學要開創全新的局面，這樣的鏡片絕對不可或缺。就所有波長而言，愈大的鏡片都能得到愈高的靈敏度和細節呈現能力，

年 2億年

韋伯的集光面積
是哈伯太空望遠鏡的7倍,
史匹哲太空望遠鏡的
50倍。

但光的一項基本特性是：波長愈長，解析度愈低。因此，大鏡片對於紅外線望遠鏡來說尤其重要，

為了達到這個尺寸，韋伯採用了目前地球上最大望遠鏡已經應用過的技術——由多個小鏡片來組成大鏡片；最早使用這個技術的是夏威夷的10公尺凱克望遠鏡。藉由這種做法，韋伯的鏡片得以在尺寸和觀測能力上遠遠超過了過去所有的太空望遠鏡。韋伯由18個六角形鏡片組成，每個寬1.3公尺，集合起來的觀測能力相當於單一個口徑6.5公尺的鏡片。

# 第二章

# 科學概述

韋伯望遠鏡對宇宙的探索，是以現代最強大的天文台觀測能力窮盡之處為起點。

韋伯的科學任務：
· 尋找最早的恆星和星系
· 測繪星系演化路徑
· 研究現今宇宙中恆星和行星的形成
· 尋找宇宙中生命存在的可能性

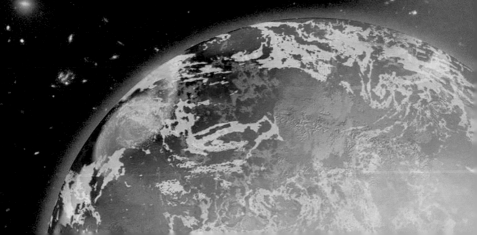

韋伯太空望遠鏡將帶我們更靠近第一顆超大質量恆星誕生的時刻。從宇宙這些古老的起源出發，韋伯預計要描繪出最早或許只有數百萬顆恆星的不規則星系，如何演變成今天我們看到的、擁有數千億顆恆星的巨大螺旋星系。

## 韋伯要回答的關鍵科學問題

- 恆星何時開始真正聚集成可稱之為星系的天體？
- 恆星和星系在宇宙的再電離（RE-IONIZING）過程中扮演何種角色？
- 星系形成的程序是什麼？
- 黑洞和星系形成之間有什麼關係？
- 早期恆星如何生成？
- 早期宇宙中爆炸的第一顆超新星有什麼性質？

韋伯會讓我們看見混亂和擾動的區域，這些地方的重力已經束縛了足夠的物質可引發核融合，創造新的恆星，讓我們藉此研究那些在年輕恆星周圍的漩渦狀圓盤，還有其中產生的新行星。

　　韋伯也會使用精密儀器，採集遙遠恆星周圍的行星發出的光，尋找是否有水的蹤跡和生物的化學成分。

## 第一節

# 從黑暗時期到第

Dark Ages to First

模擬影片（來源：James Webb Space Telescope (JWST) YouTube）

34

# 道光

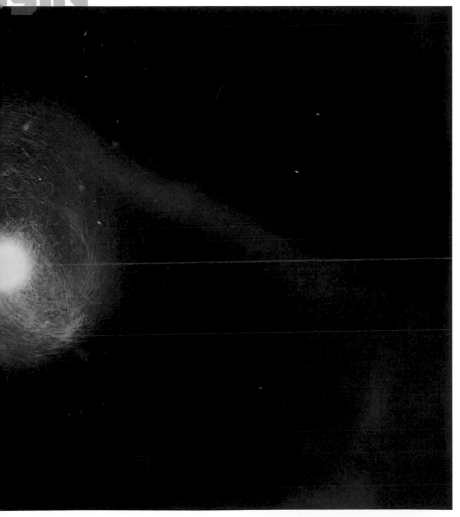

宇宙中第一個迷你星系的形成。

**黑**暗的宇宙中有了第一道光,代表宇宙歷史進入轉型期——第一批恆星和星系開始出現。

在此之前,宇宙並沒有各自獨立的光源,而是瀰漫著大霹靂最初時刻形成的不透明霧狀原始氫氣和氦氣。

最早的38萬年,宇宙是一團沸騰的次原子粒子。隨著宇宙因膨脹而冷卻下來,這些高能粒子最終才得以結合,形成中性的原子。

我們現在看到的宇宙微波背景輻射(cosmic microwave background radiation),就是那一刻在宇宙中留下的烙印。

隨著時間的推移,密度較高的區域開始因重力而塌縮,宇宙中的中性氫逐漸聚集在一起。最終,這些區域變得密度極高,引發了核融合反應。

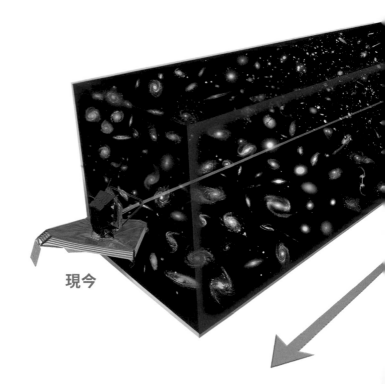

現今

於是出現了第一代恆星，它們的光和輻射激烈地撞擊周圍的大片氫氣海洋，分解其中的中性原子，把它各自的質子和電子散射出去。起初，這些區域就像圍繞在高能量源周圍的小氣泡，或是如島嶼般各自獨立的游離氣體團。然而，那時宇宙中的中性氫還是占大多數，阻止了光在太空中自由傳播。

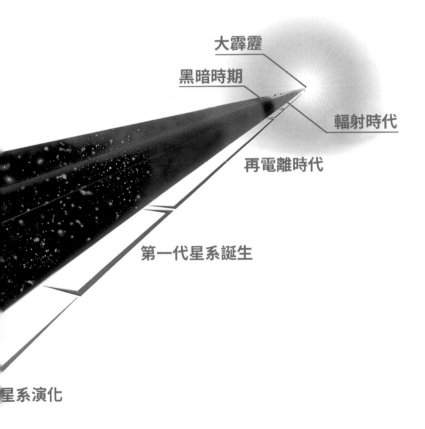

大霹靂

黑暗時期

輻射時代

再電離時代

第一代星系誕生

星系演化

**韋伯採集到的宇宙深核樣本**

這些宇宙氣泡，會在熾熱的大質量恆星，與極度緻密、吞噬一切的黑洞所發出的強大能量噴流之間達成某種目前尚未明瞭的平衡狀態時，跟著慢慢變大。這些氣泡是尚未發光的原初燈塔，在充滿中性氫的宇宙中戳出愈來愈大的洞，最終個別氣泡會大到開始彼此重疊，讓游離輻射得以傳遞得愈來愈遠。在大霹靂發生後的10億年內，大部分的宇宙都發生再電離之後，電磁光譜上大部分的光就可以暢行無阻地穿越宇宙空間，最後成為我們今天看到的宇宙。

　　這個階段出現的第一代恆星，與我們在今天的宇宙中觀察到的恆星不同。這些恆星都特別大，質量可達我們太陽的300倍，亮度則是數百萬倍。它們在發生超新星爆炸之前，只會發光幾百萬年。

　　這些超新星爆炸使宇宙的化學組成產生重大變化。碳、氧和鐵首度在恆星的核心中產生，然後散布到太空中；其他較重的元素則是在超新星本身激烈的爆炸中生成。之後這些新元素再被下一代恆星吸收，最終形成行星、小行星、彗星，甚至生物。

　　現代望遠鏡目前還難以看穿宇宙的黑暗時期。我們所能見到的最遙遠星系，已經發展到青春期的階段了。

## 知名的超新星殘骸（SNRs）

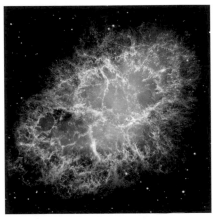

蟹狀星雲（Crab Nebula）是一個寬約6光年，持續膨脹中的超新星殘骸，是一次巨大的恆星爆炸後的殘餘物。公元1054年，也就是將近1000年前，中國和日本都有觀測者記錄到這次超新星爆炸。

蟹狀星雲（Crab Nebula）

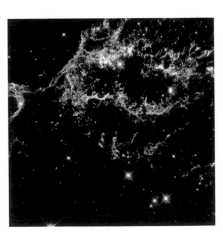

仙后座A（簡稱Cas A）是有史記載中銀河系最年輕的超新星殘骸，據估計是在330年前爆炸。它的位置在距離我們1萬光年的天后座，也就是爆炸之後1萬年，它的光才在1690年代抵達地球。

仙后座A（簡稱Cas A）

N44C是發射星雲N44的一部分，位在劍魚座內的大麥哲倫雲（LMC）裡、距離地球約16萬光年、橫跨約126光年，由年輕、炙熱的巨大恆星、星雲，和一個複合超新星爆炸吹出的超級泡泡（superbubble，上圖左下角）所組成。

N44C

這團巨大而明亮的絲狀氣體雲編號為DEM L 190，或N49，是LMC中最亮的超新星殘骸，寬約30光年；中心是前身恆星的核心部分，現已轉變成一顆「磁星（magnetar）」，即磁場強度極端強的中子星。1979年時，地球上空運行的觀測衛星偵測到來自這個天體的強烈伽瑪射線爆發（gamma-ray burst，GRB）。

DEM L 190（N49）

N63A

這是LMC裡一顆大質量恆星爆炸後留下的超新星殘骸：N63A，屬於恆星形成區N63的一部分。爆炸前的恆星質量約為太陽的50倍，這種質量的恆星爆炸時產生的強烈恆星風會清空周圍的介質，形成一個恆星風泡泡（wind-blown bubble）。科學家認為N63A就是在另一個恆星風泡泡的中央腔室中爆發的。

克卜勒超新星

克卜勒超新星的可見光特寫影像，由哈伯的先進巡天相機（ACS）拍攝，以濾鏡濾掉氫、氮、氧發出的可見光波，只讓前景的星光和背景的恆星通過。這次超新星爆炸發生於1604年，當時天空中突然多了一顆亮星，數星期後才變暗，被包括知名天文學家克卜勒等觀星者目睹並加以記錄，是史上留下觀測紀錄的最近一次超新星爆炸。

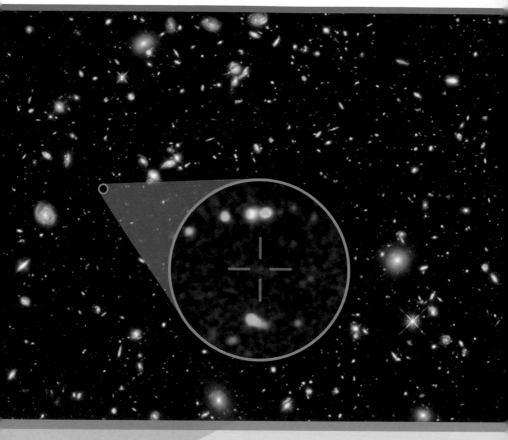

## 尋找宇宙中最遙遠的星系

在這張由哈伯太空望遠鏡拍攝的超深空（ultra deep field）紅外線影像中，這個微弱的紅色斑點，是目前人類在宇宙中所看到的最遠星系，且可能是最早期的星系之一。根據它的光譜分析，天文學家認為這個天體處於宇宙還只有5億歲的時期。

　　為了看得更深遠，並找到眾所期待的第一代恆星和星系，韋伯望遠鏡以近紅外線和中紅外線去觀測比以往更深、更古老的區域，這部分的光譜就包含了最早期天體發出的殘餘光線。

## 從哈伯超深空透視宇宙的年紀（影片）

一層一層回溯哈伯超深空影像裡不同的時間層，可以看到處
於不同演化階段的星系。

　　韋伯識別出這些剛出生的天體之後，就會開始告訴我們這些天
體是什麼樣子。它會把那些微弱的光拆成光譜，透過光譜訊號尋找
天體的化學組成，這些數據能揭露出它們如何在宇宙中移動和演
化。近期在早期宇宙的觀測中，天文學家利用前方大質量星系使背
景中觀測目標光線扭曲的現象，稱為重力透鏡（gravitational
lenses），來研究極遙遠的星系。韋伯要在最遙遠星系的光譜特徵
中尋找線索，藉此研究恆星和氣體的運動，幫助天文學家拼湊出早
期星系的完整圖像。

# 宇宙網
## The Cosmic Web

氣體與塵埃凝結成星系和「宇宙網」（模擬動畫）

**宇**宙形成時，重力會建造出一個類似蜘蛛網的龐大絲狀結構，這些細絲如同看不見的橋，長度可達數億光年，把星系和星系團串連在一起，這就是天文學家所稱的宇宙網。

第一批原星系（protogalaxies）形成時，宇宙只有幾億歲而已。

這些原星系沿著巨大的暗物質絲狀結構而生成，這些絲狀結構提供了星系組織的架構。

在暗物質絲狀結構交錯的地方，氫氣聚集形成第一批緻密的藍色星團。

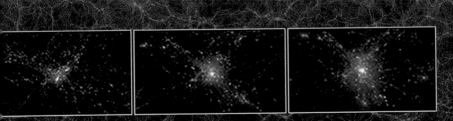

上方序列圖顯示星系中的物質（白色）與暗物質（紫色）逐漸聚集，形成我們現在知道的宇宙網。

# 宇宙的基本單位
## Building Blocks

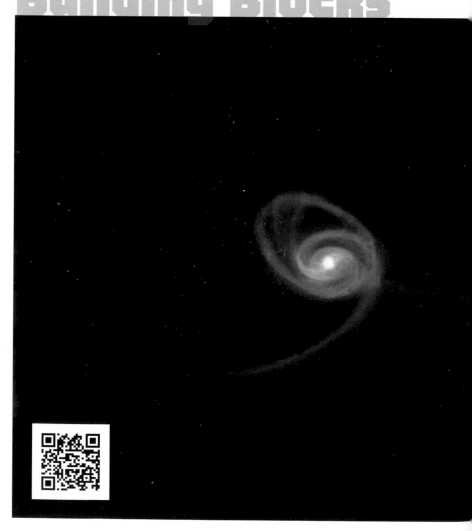

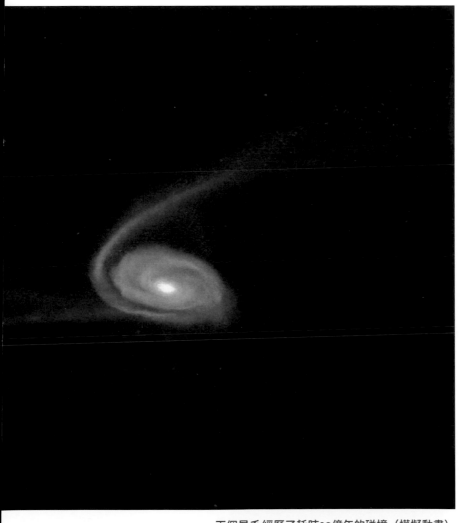

兩個星系經歷了耗時20億年的碰撞（模擬動畫）

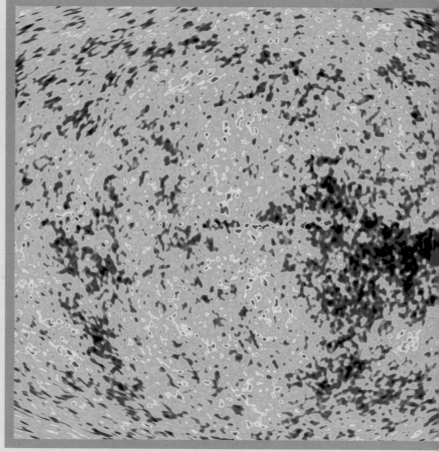

## 宇宙微波背景輻射

這幅影像顯示了137億年前的溫度波動（即圖中的顏色差異），這些波動
對應到的是演變成今日星系模樣的早期物質樣態。

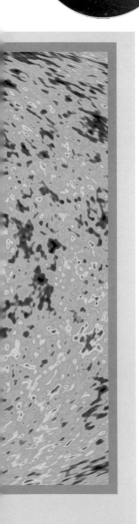

**星**系是組成宇宙的基本單位，留有物質和未知的寒冷暗物質的分布蹤跡，並且會驅動恆星的形成過程，並將恆星產生的物質回收，用來創造下一代的恆星和行星。

宇宙微波背景輻射的影像顯示，在恆星和星系出現之前，宇宙就已經存在了某種結構。雖然我們今天可以觀察到這些微弱的原始漣漪和大型星系團，但對於這兩者之間是怎麼從一個過渡到另一個的，很多看法都還需要改進。

宇宙網中的大尺度結構指出，原始氣體是在暗物質分布的骨架上，建構了一張巨大的網。這個物質分布網——在最大的尺度上——應該對應到現今宇宙中星系的分布和聚集。天文學家普遍採用的宇宙模型指出，星團、塵埃和氣體團以及小型星系會隨著時間逐漸合併在一起，這個過程稱為階層式合併（hierarchical merging），較小的暗物質團塊和恆星團塊會在這個過程中逐漸聚集在一起，形成今日宇宙中占主導地位的各種星系和星系團。

天文學家認為，恆星、星系和暗物質之間複雜的交互作用造就了今日的星系。第一代恆星不僅提供了比氫更重的元素作為後來星系形成的種子，超新星爆炸產生的衝擊波也可能導致一連串激烈的恆星大爆發，並推動進一步的星系演化。

這個過程一直持續到今天，甚至就發生在離我們很近的地方：大小麥哲倫雲正被拉向銀河系，而離銀河系最近的鄰居仙女座星系（Andromeda Galaxy）也正在朝著我們前進，大約40億年後將會迎頭撞上銀河系。

仙女座星系大約在40億年後會與我們銀河系相撞，兩者約60億年後會合併成一個星系。

星系演化的過程一直是天文學中的一個大難題，有很多問題依然未解。哈伯序列（Hubble sequence）是如何以及何時形成的？恆星生成和黑洞在星系的形成中扮演什麼角色？是什麼過程創造出從橢圓到螺旋各種不同形態的星系？

為了回答這些問題，韋伯望遠鏡將會觀察星群等星系前身（較小型的恆星聚集體），以了解它們的成長和演化。韋伯望遠鏡會利用它的成像和光譜能力來研究早期星系的形態、運動和演化。韋伯望遠鏡還能使天文學家得以研究那些早期星系中的恆星類型，那些恆星想必與我們在今天的宇宙中看到的恆星截然不同。

# 哈伯序列圖

有了更強大的現代望遠鏡，能對更遠、更早期的星系進行成像之後，天文學家已經開始為宇宙更早期的星系族群建構一個新的哈伯序列（也就是星系型態分類法），發現新舊序列之間有很顯著的不同。

　　哈伯序列圖表（右）顯示，在遙遠的星系中（約60億年前）多了很多特殊形狀星系（peculiar-shaped galaxies，縮寫為Pec），特殊是相對於我們鄰近的本地星系的形狀而言。

　　星系之間的碰撞和合併產生了巨大的全新星系，儘管科學家普遍認為星系合併從80億年前開始顯著減少，但較新的研究結果顯示，從80億年前之後一直到40億年前，星系合併仍然非常頻繁。

## 哈伯序列：星系型態分類圖

### 本地星系
本地星系（較年輕的星系）中有3%的星系是橢圓星系（E），15%是透鏡狀星系（SO），72%是螺旋星系（從Sa到Sd，或從SBb到SBd），以及10%的特殊形狀星系（Pec）。

### 遙遠星系
從本圖可見遙遠星系（60億年前）中的特殊形狀星系比例大得多，有4%的橢圓星系，13%的透鏡狀星系，31%的螺旋星系，和52%的特殊形狀星系。這代表很多特殊形狀星系最後會變成大型螺旋星系。

本地星系

遙遠星系

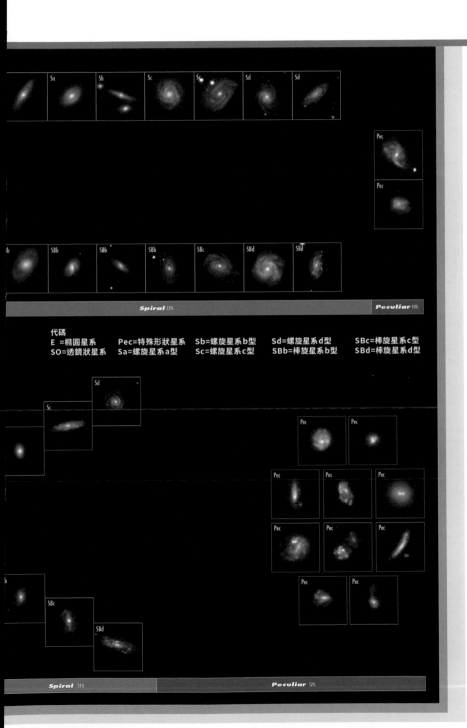

**Spiral** 72%

**Peculiar** 10%

代碼
E =橢圓星系　　　Pec=特殊形狀星系　Sb=螺旋星系b型　　Sd=螺旋星系d型　　SBc=棒旋星系c型
SO=透鏡狀星系　　Sa=螺旋星系a型　　Sc=螺旋星系c型　　SBb=棒旋星系b型　　SBd=棒旋星系d型

**Spiral** 31%

**Peculiar** 52%

# 新恆星，新世界
## New Stars, New W

獵戶座大星雲（Orion Nebula），孕育恆星的搖籃。

獵戶座大星雲（Orion Nebula）距離地球約1350光年，是一團巨大的塵埃和氣體雲，用肉眼就可以看見位於獵戶座的這團微弱色彩，這是一團巨大的分子雲，其中可能藏著數以百計正在形成恆星和行星的原行星盤（protoplanetary disks）。韋伯太空望遠鏡由於具備紅外線觀測能力，能深入探測這個區域，以及其他的恆星生成區，讓天文學家能夠研究新太陽系的生成條件。

## 獵戶座大星雲中的原行星盤

照片中這六抹不起眼的「漬」，是美麗的獵戶座大星雲中極可能正在形成年輕行星系統的地方，此時還是氣體和塵埃形成的圓盤，由上到下分別是132-1832、206-446、180-331、106-417、231-838和181-825。未來這些可能都將成為新的太陽系。

## 太陽系的形成

經歷了1萬6000多年的演化,一顆年輕孤立的恆星周圍出現
了原行星盤,圓盤上明亮、緻密的氣體和塵埃旋臂逐漸發
展,接著塌縮成更緊密的團塊,最後形成行星。

　　科學家已經知道恆星是在密度較高的塵埃氣體雲中,經由重力
塌縮而生成。當夠多的物質在夠高的密度和溫度下聚集起來,就會
點燃核融合,使一顆新的恆星誕生。額外的物質在這顆新生恆星的
周圍旋繞,形成一個圓盤,裡面充滿了冰、岩石,和形成恆星後殘
留的氣體。圓盤上的小碎塊物相互碰撞、結合,逐漸形成微行星
(planetesimals),微行星繼而會清除軌道上剩餘的碎片,成為真
正的行星。

　　這是恆星和行星形成的基本模型,但具體細節仍然大多未解。

　　其中一個主要問題是:行星如何找到最終的軌道並穩定下來?

我們現在已經知道大部分恆星都有像木星這樣的氣態巨行星。在最早發現的行星中，有一些是類似木星的巨大行星，它們的軌道非常靠近中央的母恆星。這些怪異的「熱木星」（hot Jupiters）與我們認知中的太陽系形成方式很不一樣。這個驚人的發現說明了行星不會原地不動，有些行星會受到某些外力而重新排列，就像撞球台上的球一樣。如今有了韋伯太空望遠鏡可以用來觀察其他的恆星系統的形成和演化，將有助於解開這類漫遊行星的奧祕。

　　韋伯的另一個任務，是了解形成新恆星時複雜而劇烈的推力與拉力機制。在一個恆星系統形成的整個過程中，重力會把物質拉在一起，而不斷升高的熱和輻射則是會把物質推開，這兩個力會持續不斷地對抗。恆星要如何在這些相互衝

**熱木星的想像圖**

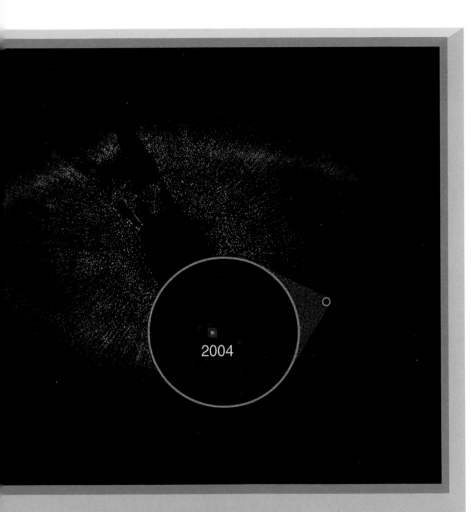

2004

## 哈伯拍攝的行星北落師門b

天文學家遮住了圖中央的恆星北落師門（Fomalhaut）的光線，如此才可以看見這顆暗淡得多的行星，它正在恆星周圍的塵埃環帶附近運行。相隔數年後拍攝的影像，顯示這顆行星正沿著預期中的軌道移動。

突的力量之中形成一直是備受討論的主題。

　　其中一個主要理論是，重力收縮所產生的部分熱能，會從新生恆星的兩極噴出的能量噴流中釋放，使它能夠達到恰好適當的平衡，獲得質量以維持核融合反應。

## 恆星形成過程中噴發的狹窄噴流

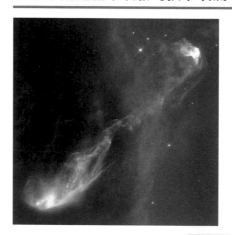

5兆公里長的恆星噴流Her-big-Haro47（簡稱HH47）以超音速往相反方向的太空中射出。

Herbig-Haro 110是發自一顆新生恆星的熱氣噴流，以緻密的氫分子雲核心為跳台彈射出去，宛如國慶煙火。羽狀煙霧看起來像一縷輕煙，但氣體密度只有國慶煙火的數十億分之一。

韋伯望遠鏡將能要觀察這些年輕的恆星，以及它們的噴流和原行星盤，揭露正在形成的恆星周圍物質的分布和移動，並取得原行星盤中塵埃和氣體間縫隙的影像。這些由不斷增長的行星重力效應所形成的縫隙，可顯示初生太陽系的內部運作狀態。韋伯的精細光譜儀將揭露圓盤的結構和運動，進而發現行星系統與形成行星系統的原始物質之間那個失落的環結。

船底座星雲內剛誕生的大質量恆星的強光和恆星風，逐漸把孕育它們的塵埃蒸發掉和吹散，形成這個3光年長的塵埃柱，形如尖銳山峰，稱為「神祕山」（Mystic Mountain）。

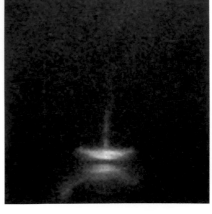

位於離地球約450光年的金牛座中，一顆正在形成的恆星HH-30發出的偏紅色氣體噴流。

# 有生命的行星
## Living Planets

太陽系外行星 HD 189733b 的想像圖，大氣中已偵測到甲烷和水蒸氣。

# Living Planets

紅矮星克卜勒42的小型行星系統（概念圖），位於距地球約126光年的天鵝座，
目前已發現三顆質量與體積都比地球小的系外行星。

# 有生命的行星

# Living Planets

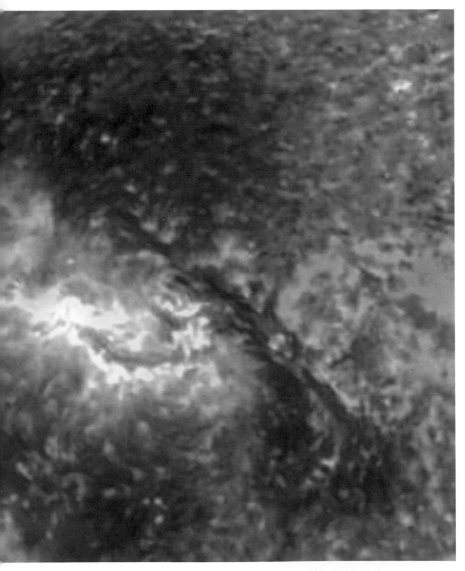

距離地球約63光年的熱木星HD 189733b凌日概念圖。這顆行星位於狐狸座,在
2005年以凌日法發現,科學家已確認它的大氣中含有水蒸氣。

# Living Planets

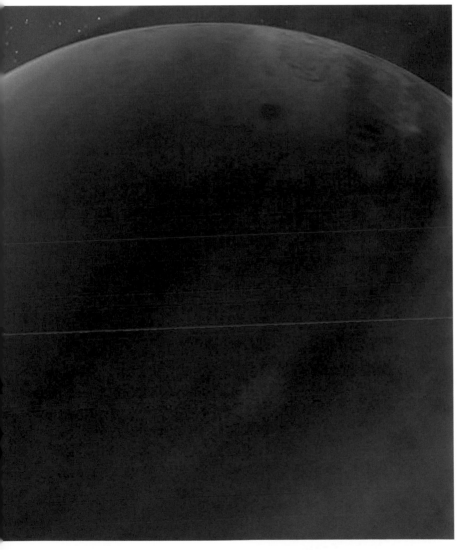

科學家想像中一個1000萬歲的恆星系統，左上方模糊的明亮白光是一顆類似我
們太陽的恆星，其他球體是氣態巨行星。證據顯示，一顆類太陽恆星一生中只
會在1000萬歲之前形成氣態巨行星，否則就永遠不會形成。

██ 十年前，科學家原以為銀河系中充滿了
　　██ 行星系統，但後來確認可能是行星系統
的只有少數幾個。最近，天文學家在太陽系以外
的恆星周圍發現了500多顆行星。這些系外行星
的環境狀態各異，有的是比木星更熱的行星，繞
行軌道比水星軌道還小；也有類似海王星的行
星，但在離主恆星遙遠得多的軌道上繞行。系外
行星很難偵測，但現在有很多數據支持大型岩石
行星的存在，這類行星通常稱為超級地球
（super-Earth）。

　　過去二十年來，探索系外行星的科學有長足
的進展。第一批行星是天文學家透過研究恆星的
微弱運動而發現的。這些恆星受到了來自軌道行
星的重力拉扯（尤其是軌道非常小的大質量行
星），因而產生微弱但可察覺的擺動。在地球上
可藉由測量恆星波長的細微變化，而偵測到這樣
的擺動。這種測量恆星擺動的技術，提供了系外
行星存在的第一個強力證據。

　　另一種做法是研究恆星發出的光量變化。一
顆行星從它的主恆星前面經過時，在地球上可以
偵測到恆星的亮度略微下降。這種技術在測量行
星軌道的大小和長度上非常有用，藉此還可以算
出行星的相對大小。

Extras

Brightness of star

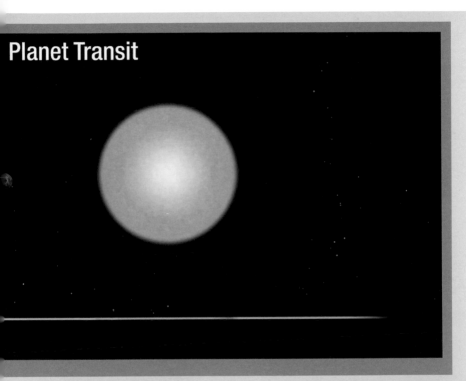

# Planet Transit

## 系外行星凌日動畫

從地球的角度來看，行星從母恆星前面經過時，會阻擋了一些光線而導致母恆星略微變暗。天文學家就是透過監測這些恆星的亮度變化來尋找系外行星。

這項技術還可以測出行星大氣的化學組成。行星從恆星前面經過時，仔細觀察行星的邊緣，可以觀測到穿越過行星大氣的光。把其中發自恆星的已知光訊號濾除，就能得到來自行星大氣的光譜特徵。哈伯和史匹哲太空望遠鏡都對熱木星作過這樣的測量。韋伯太空望遠鏡應該能夠研究更小的岩質超級地球。

韋伯的紅外線觀測能力，可將行星產生的熱訊號與主恆星區分開來，找到行星大氣深處存在的二氧化碳。韋伯的光譜儀也能在行

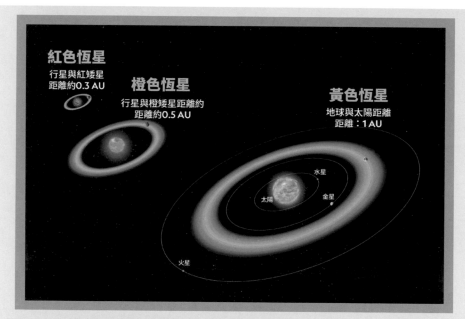

## 根據恆星類型所劃分的適居帶模型

依恆星的質量和光度的不同，表面可能存在液態水的行星與母恆星的距離也會有所不同。

從大氣中散逸的氫
(10,000-15,000K,
測得碳與氧)

過渡區 (5,500K)

中層大氣 (測得鈉)

下層大氣 (1,200K),
可能有雲

太陽 (實際比例)

木星
(實際比例)

## 哈伯測量系外行星HD 209458b的大氣結構

穿過行星周圍大氣的光被散射,並從大氣中獲得光譜特徵。

星飛越恆星的過程中偵測到二氧化碳。更令人期待的是,它或許還能偵測到水的跡證。

除了分析行星的化學成分之外,韋伯的另一項重要任務,是探測鄰近恆星周圍是否有處於「適居帶」(habitable zone)的行星。所有的恆星,從相對常見的紅矮星,到龐然大物紅巨星,周圍都有

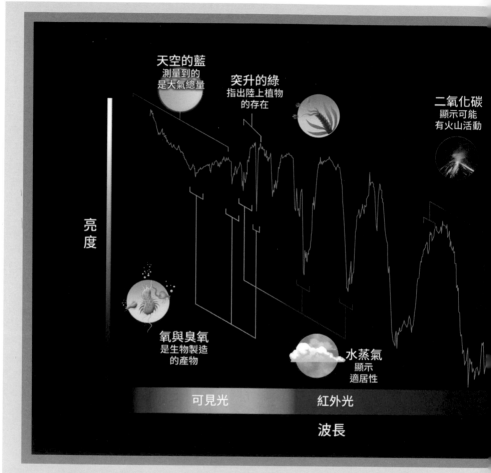

## 地球的光譜

無數太空船出發之後都曾回頭測量地球反射的太陽光,發現地球的光譜在不同的可見光和紅外線波段上顯示出高峰和低谷,這是地球大氣的化學成分吸收太陽光所造成的。地球上的生命仰賴水而存在,所以如果要尋找一個類似地球的行星,那麼我們希望找到的特徵之一就是水蒸氣。此外,植物和光合細菌會釋放氧氣,而厭氧細菌會釋放甲烷。。

韋伯的一項重要任務
是辨識出我們
附近的恆星周圍
是否有行星
位於「適居帶」，
這表示
這些行星上
可能有液態水。

細菌

一個溫度恰到好處的區域，使得液態水能夠存在於行星表面，不會因為太熱而蒸發，也不會太冷而凍結成冰殼。

　　由於液態水是地球上生命存在的先決條件，因此若在其他行星上找到液態水，就非常有希望在那裡找到生命。韋伯進行的一項延伸調查任務，就是研究繞行我們附近一顆紅矮星的「超級地球」，讓我們對系外行星取得前所未有的深入了解，最終希望韋伯能在那顆行星的大氣中找到支持生物存在的化學組成。

# 第三章

# 太空望遠鏡

詹姆斯・韋伯太空望遠鏡是至今最大、
最複雜的太空天文台。

## 韋伯望遠鏡主要數據

- 任務期限：基本要求是5年；目標是10年
- 總有效載重：6500公斤
- 主鏡直徑：6.5公尺
- 主鏡集光面積：25平方公尺
- 主鏡質量：705公斤
- 主鏡片數：18
- 光學解析度：約0.1角秒
- 波長感測範圍：0.6-28微米
- 遮陽罩尺寸：21.2×14.2公尺
- 遮陽罩材料：五層矽塗層的KAPTON
  （一種聚酸亞胺製品）
- 軌道：距地球150萬公里
- 工作溫度：低於攝氏零下223度（50K）

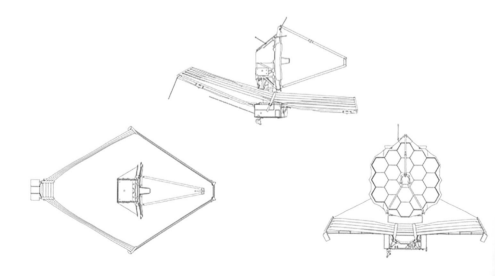

## 鏡中奇緣

韋伯的鏡子超過兩層樓高，是有史以來送上太空的最大天文台。即使是這麼大的一部器材，重量超過6公噸，工作人員還是必須把它放進亞利安5號火箭空間有限的酬載艙（亞利安5號火箭是韋伯的合作開發單位歐洲太空總署提供的運載火箭）。為了讓它舒適安穩地待在艙內，韋伯望遠鏡被設計成能像摺紙一樣變形，摺成可以放進火箭的護罩裡——把太陽能板和鏡架塔收起來，主鏡、遮陽罩、副鏡、通訊天線和動力翼片全都摺疊整齊，以這樣的狀態前往部署地點。

韋伯望遠鏡是單一座天文台，但實際上是由三個獨立組件構成：綜合科學儀器模組（Integrated Science Instrument Model，縮寫為ISIM），收納了這部望遠鏡的強大科學儀器；光學望遠鏡組件（Optical Telescope Element），負責收集和聚焦來自深空的微弱紅外線；飛行器組件（Spacecraft Element），包括遮陽罩和飛行器本體（Spacecraft Bus），本體中收納了通訊、電力、指令與數據處理、推進、熱控制和飛行器姿態控制等六大子系統。

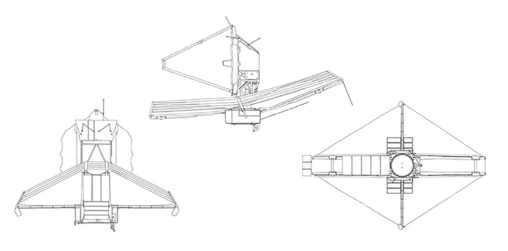

# 韋伯望遠鏡各部組件──低溫側

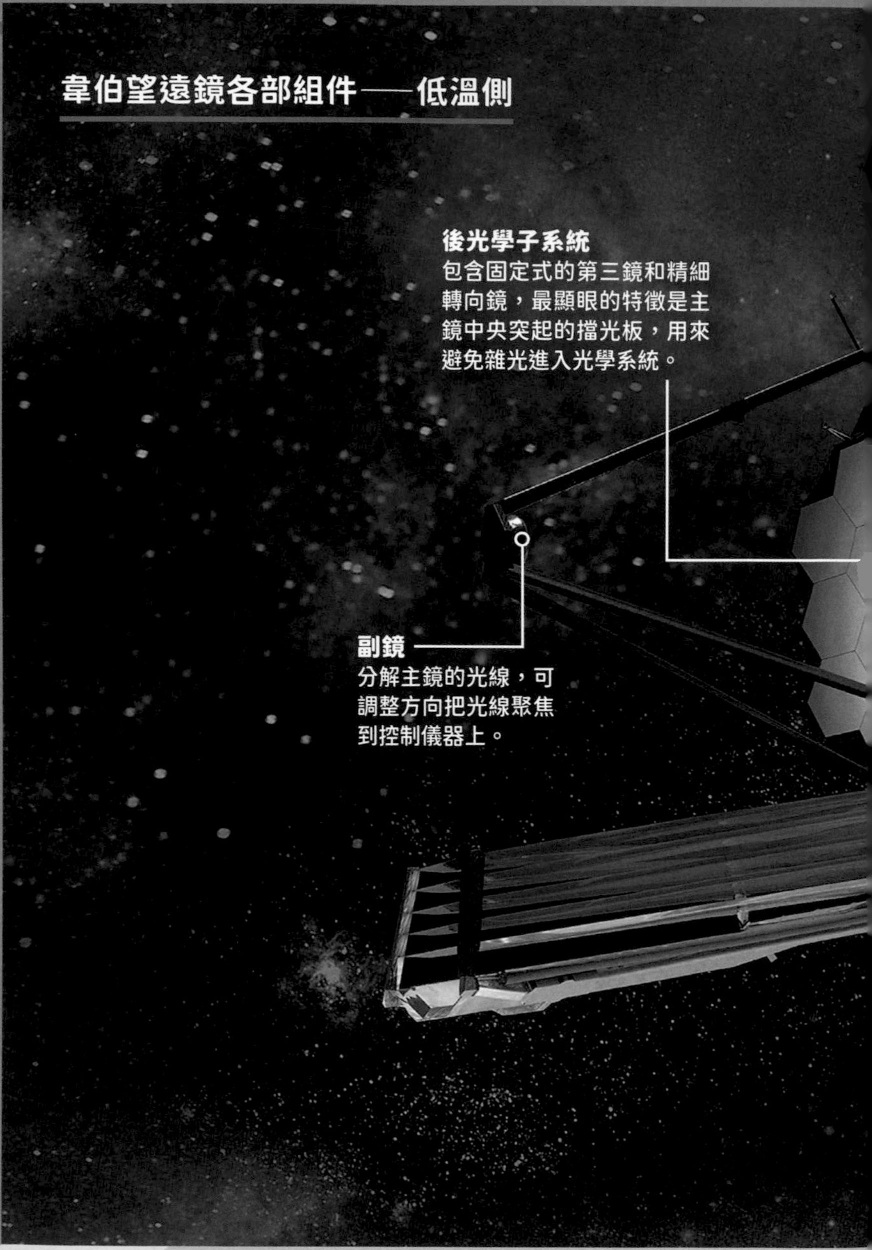

**後光學子系統**
包含固定式的第三鏡和精細
轉向鏡，最顯眼的特徵是主
鏡中央突起的擋光板，用來
避免雜光進入光學系統。

**副鏡**
分解主鏡的光線，可
調整方向把光線聚焦
到控制儀器上。

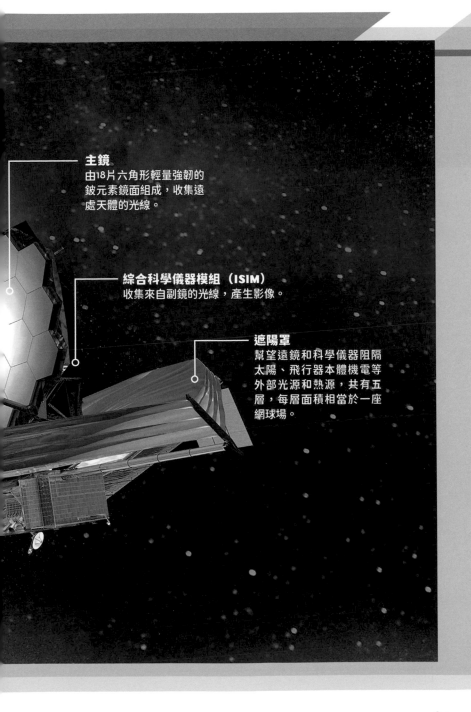

**主鏡**
由18片六角形輕量強韌的
鈹元素鏡面組成，收集遠
處天體的光線。

**綜合科學儀器模組（ISIM）**
收集來自副鏡的光線，產生影像。

**遮陽罩**
幫望遠鏡和科學儀器阻隔
太陽、飛行器本體機電等
外部光源和熱源，共有五
層，每層面積相當於一座
網球場。

# 韋伯望遠鏡各部組件——高溫側

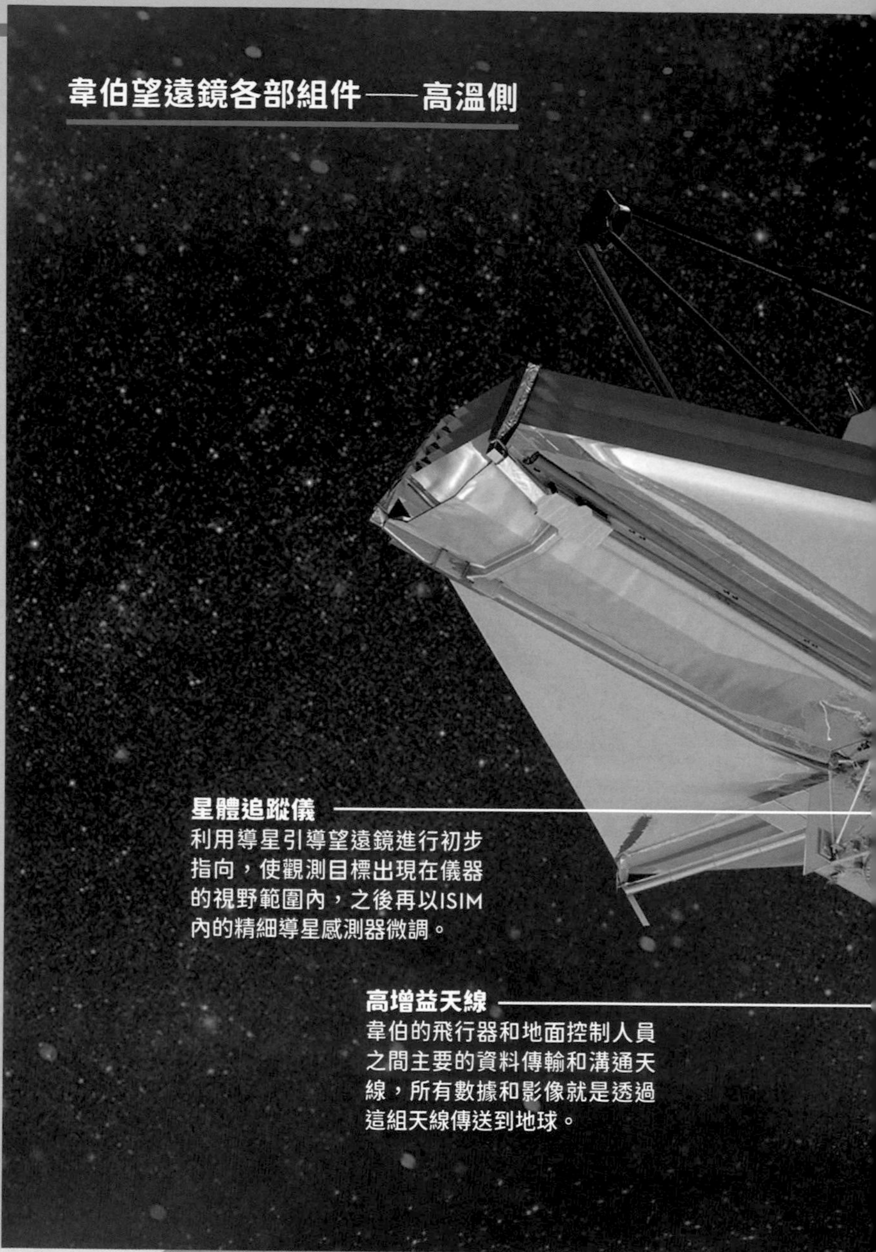

**星體追蹤儀**

利用導星引導望遠鏡進行初步
指向,使觀測目標出現在儀器
的視野範圍內,之後再以ISIM
內的精細導星感測器微調。

**高增益天線**

韋伯的飛行器和地面控制人員
之間主要的資料傳輸和溝通天
線,所有數據和影像就是透過
這組天線傳送到地球。

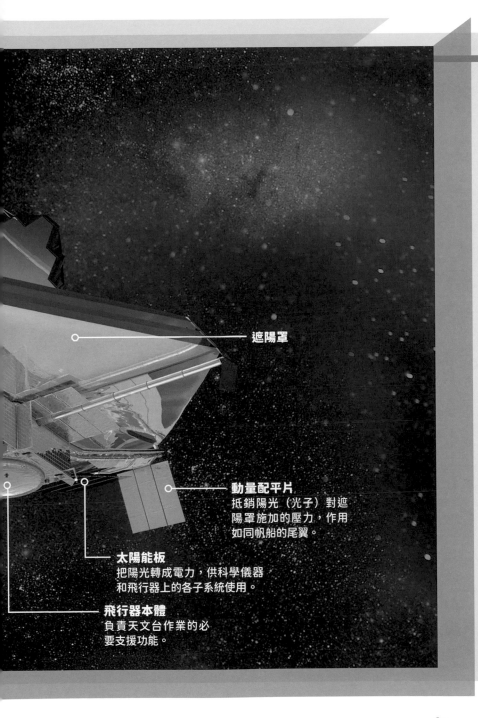

遮陽罩

**動量配平片**
抵銷陽光（光子）對遮
陽罩施加的壓力，作用
如同帆船的尾翼。

**太陽能板**
把陽光轉成電力，供科學儀器
和飛行器上的各子系統使用。

**飛行器本體**
負責天文台作業的必
要支援功能。

# 遮陽罩和低溫技

全尺寸展開的韋伯太空望遠鏡遮陽膜

## 冷卻系統

「熱」是紅外線探測技術的死敵。來自遙遠宇宙的微弱紅外線訊號，很容易就會被望遠鏡本身設備發出的紅外線輻射淹沒。紅外線望遠鏡要有效發揮作用，就必須保持在極冷的環境中。韋伯望遠鏡需要的低溫程度幾乎是難以想像的。

讓韋伯保持低溫的設計，並不是像先前的史匹哲紅外線太空望遠鏡那樣的低溫技術，而是它外型搶眼的遮陽罩，看起來就像鏡面後方的船頭，為望遠鏡提供寒冷的環境。

這個多層遮陽罩形成了一個保護屏障，可以抵擋太空中最顯著的熱源。以韋伯來說，這些熱源就是太陽、地球、月球和望遠鏡本身。所有物體，甚至是處在太空深處的望遠鏡，都會發出紅外線，而其中的任何一個紅外線源，都能輕易蓋過韋伯的高靈敏度紅外線相機。韋伯的遮陽罩把望遠鏡分成兩邊，一邊是高溫側，韋伯的運作系統都在這一側，溫度可以達到接近沸點（攝氏85度）；另一邊的低溫側，是儀器和鏡面所在的地方，溫度最低可達攝氏零下233度。

但是韋伯仍需要被安置在一個合適的位置，讓遮陽罩可以穩定地擋住太陽、地球和月球。幸好重力提供了一個乾淨俐落的解決方案。在太陽系中有幾個特殊的區域，是地球、月球和太陽的引力達到平衡的地方。其中一個就是「地球／太陽拉格朗日點2」（Lagrange Point 2，簡稱L2），在這裡韋伯能在相對穩定的位置上運行，同時使望遠鏡的光學和科學儀器安全地維持在遮陽罩的後面。太陽、地球和月球會始終保

低溫側
-388° F (-233° C)

溫側
(85° C)

## 韋伯的分工

韋伯的設計目標是為了在宇宙中極低溫的環境中運作。遮陽罩把韋伯分成兩部分：高溫側（包含太陽能板、電腦和導航噴射器）和低溫側（裝有鏡面和科學儀器）。

持在同樣的方向，遠離遮陽罩另一側的望遠鏡。在這個觀測點上，韋伯會與地球同步繞行太陽，跟著地球上的季節變化改變它的視角，探索大範圍的宇宙。

在這個距離地球150萬公里的遙遠軌道上，韋伯已經不受地球的磁場保護，成為有潛在破壞性的高能宇宙射線持續攻擊的目標。宇宙射線會干擾望遠鏡的訊號，甚至會累積電荷，對望遠鏡造成類似小規模雷擊的傷害。這種火花會損害敏感的科學儀器，或破壞望遠鏡的材質。韋伯的設計已考量到這一點，它的偵測器和遮陽罩中的傳導區域有額外的屏蔽設施，可防止電壓累積。

這些效果整體加起來，透過遮陽罩、望遠鏡本身的設計以及它繞行的軌道，就能讓韋伯達到所需的低溫目標，這是過去需要大量且只能短暫供應的冷卻劑才能做到的。藉由設計一台先天就比較容易保持寒冷的太空船，才更有機會延長望遠鏡的壽命，及其執行尖端科學計畫的時間。

由於韋伯處在這麼遙遠的軌道上，不可能執行類似哈伯太空望遠鏡的維護任務。為了彌補這一點，韋伯安裝了一個特殊的子系統，來修正望遠鏡光學系統發生的任何錯誤。這個系統稱為波前傳感與控制（wavefront sensing and control）子系統，類似地面望遠鏡使用的精密自適應光學技術（adaptive optics technologies）。但自適應光學是消除星光的閃爍，韋伯的系統則是確保整個望遠鏡擁有清晰通透的視力。

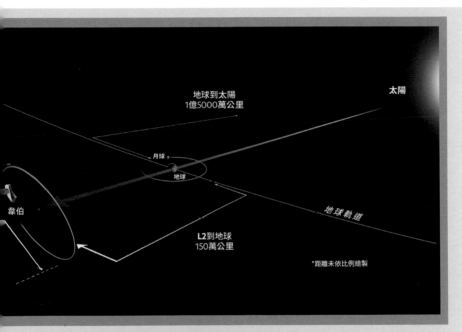

地球到太陽
1億5000萬公里

太陽

月球

地球

韋伯

地球軌道

L2到地球
150萬公里

*距離未依比例繪製

## 韋伯的軌道區域（模擬影片）

韋伯望遠鏡會跟隨地球繞太陽運行，每198天繞行L2區域內的
軌道一周。韋伯可觀測的天區，與太陽－韋伯連線的相對位
置是固定的（即每年繞太陽一圈），且受限於需求，韋伯的
鏡面始終保持在遮陽罩後方的寒冷陰影中。

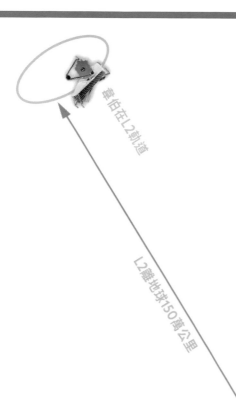

韋伯在L2軌道

L2離地球150萬公里

月球離地球384400公里

哈伯在570公里高的地球上空

## 望遠鏡測試檢驗台

美國波爾航太公司（Ball Aerospace）製作了一個六分之一比例的望遠鏡試驗台，可以追蹤飛行中的望遠鏡，用來在高擬真環境中進行波前傳感與控制系統的開發與展示。

韋伯所在的拉格朗日點2（L2）比月球軌道遠得多，這是太空中的一個半穩定區域。

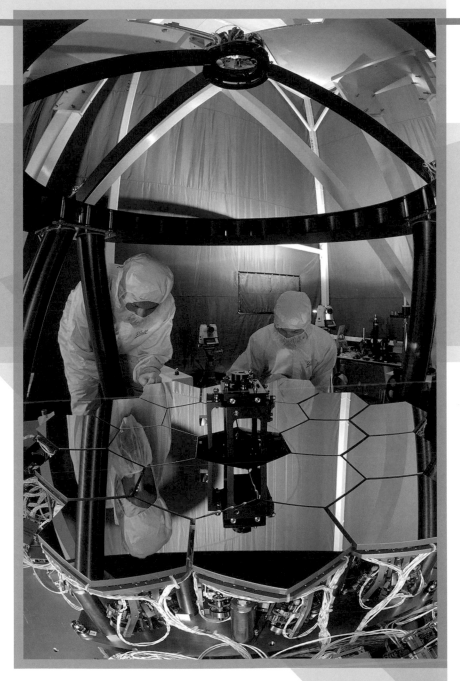

## 遮陽罩

遮陽罩是韋伯最與眾不同的特徵，是抵擋太陽和地球的光和熱的最重要防線。遮陽罩的主要功能是把韋伯的高溫側（面向太陽的一側）與低溫側（有科學儀器的一側）隔開。發射後不久，遮陽罩就會慢慢展開，由連接到馬達的纜線拉伸。

韋伯的遮陽罩有很多層，就像防彈衣一樣，每加一層就多一層強度和保護。

這組遮陽罩由五層稱為Kapton的耐熱材料組成，這個材料表面有矽塗層。每一層（厚度不到1mm）都足以耐受太空的嚴酷環境。這五層遮陽罩共同為望遠鏡提供一個充分隔熱的陰影區域。遮陽罩的部分強度來自它的支撐架，這套骨架在維持遮陽罩的穩定性之餘又不至於脆化。這對遮陽罩的完整性十分重要，因為太空碎片和微隕石是所有太空任務永遠要考慮的問題，這副支撐架允許遮陽罩出現一些小洞，而不會造成額外損害。多層設計的目的也是為了不讓單一個洞影響屏蔽的效果。

遮陽罩完全展開後，面積相當於一個標準網球場，為望遠鏡和科學儀器提供一個寒冷且溫度穩定的環境。這種穩定性非常重要，如此望遠鏡才能在改變面對太陽的朝向時，主鏡的每一片都能精準調正，維持主鏡的曲面。

## 建造遮陽罩

諾斯洛普‧格魯曼航太公司（Northrop Grumman）的工程師在
韋伯望遠鏡的三分之一比例模型上安裝一層隔熱罩。

諾斯洛普・格魯曼航太公司的首席排氣分析師丹・麥奎格
（Dan McGregor）在加州雷敦比奇（Redondo Beach）的航太
系統測試廠準備測試放入真空室內的遮陽罩樣品。

2007年用來進行摺疊與部署測試，以驗證設計概念與部署技術
的實際尺寸韋伯望遠鏡遮陽罩模型。遮陽罩材料已在2006年完
成技術成熟度（TRL）第六級的實際作業環境測試。

工程師和科學家正在檢查完全展開的實際尺寸遮陽罩,五層遮陽罩每一層的溫度都要比下面那層更低,共同發揮隔熱和擋光的功能。

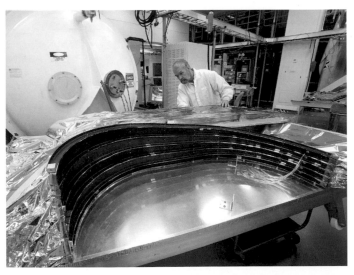

諾斯洛普‧格魯曼航太公司的首席排氣分析師丹‧麥奎格(Dan McGregor)檢查遮陽罩的測試樣品,這一部分的遮陽罩位於太空船上方,望遠鏡伸縮塔的周圍。

# 鏡面
## mirrors

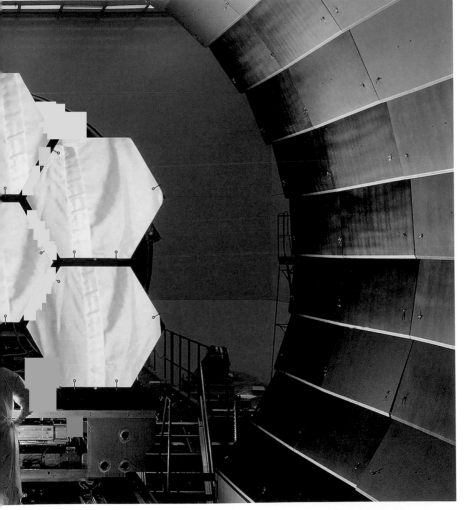

六片已經完成的韋伯主鏡

韋伯天文台的眼睛是一整套系統，整體稱為光學望遠鏡組件（Optical Telescope Element，縮寫為OTE）。OTE收集來自遠處天體的紅外線，導引到科學儀器上。飛行器上的這個部分包含了韋伯的所有光學機構，包括精細轉向鏡（Fine Steering Mirror，縮寫為FSM），和連接固定所有部件的結構性零件。

韋伯的設計中，最重要部分的就是它巨大的鏡面。鏡片尺寸對所有望遠鏡都非常重要，而對紅外線望遠鏡尤其重要。因為紅外線的波長比可見光長，需要一個比例上更大的鏡面，才能得到與可見光相同品質的影像。

韋伯上一代的紅外線望遠鏡：史匹哲太空望遠鏡，鏡片尺寸相對小巧，直徑是0.8公尺。韋伯望遠鏡的主鏡寬度有6.5公尺，集光面積大約是哈伯太空望遠鏡的7倍，史匹哲太空望遠鏡的50倍。在紅外線的解析度上，韋伯是哈伯的3倍，史匹哲的8倍。由於有這麼大的鏡面，韋伯的紅外線影像看起來，就和哈伯的可見光影像同樣清楚。這一點對科學來說尤其重要，在探索早期宇宙的研究上，韋伯的探索深度和清

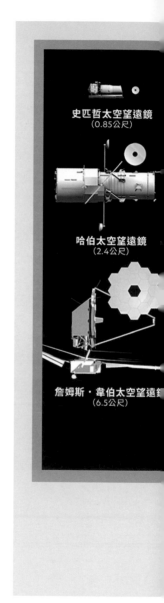

史匹哲太空望遠鏡
（0.85公尺）

哈伯太空望遠鏡
（2.4公尺）

詹姆斯・韋伯太空望遠鏡
（6.5公尺）

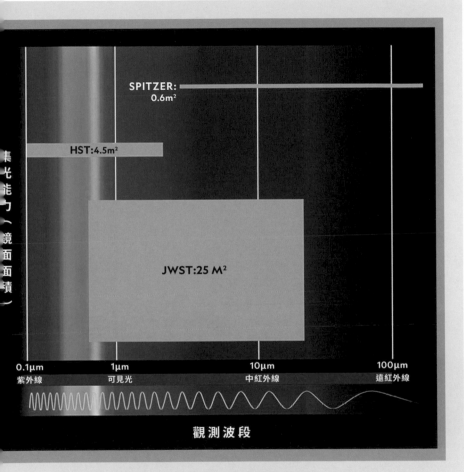

集光能力（鏡面面積）

SPITZER: 0.6m²

HST:4.5m²

JWST:25 M²

| 0.1μm | 1μm | 10μm | 100μm |
|---|---|---|---|
| 紫外線 | 可見光 | 中紅外線 | 遠紅外線 |

觀測波段

## 天文台主鏡的尺寸與觀測波段比較

照片中這六抹不起眼的「漬」，是美麗的獵戶座大星雲中極可能正在形成年輕行星系統的地方，此時還是氣體和塵埃形成的圓盤，由上到下分別是132-1832、206-446、180-331、106-417、231-838和181-825。未來這些可能都將成為新的太陽系。

哈伯與韋伯太空望遠鏡的鏡面尺寸對比（影片）

晰度，都遠勝哈伯當初的設計規格。

　　然而要做出這種尺寸的鏡面，需要克服的技術難題很多，地面上的天文台就是如此，更遑論天文望遠鏡了。大鏡片很難鑄造，一旦做出來，還必須鍍上反光鍍膜，這需要一個比鏡片本身還要大的真空室才做的到。大鏡面的運輸也非常困難，把它送太空中更幾乎是不可能的事。因此，工程師才會決定把韋伯的主鏡面分成很多小片段。較小的鏡面比較容易製造，可以有效率地完成表面鍍膜，運輸時也比較安全。但是這些小鏡面並不是完全相同的。為了讓韋伯

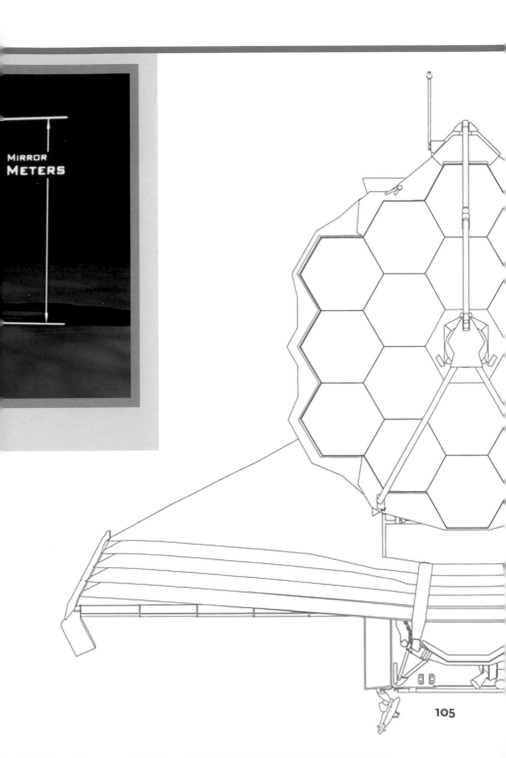

MIRROR
METERS

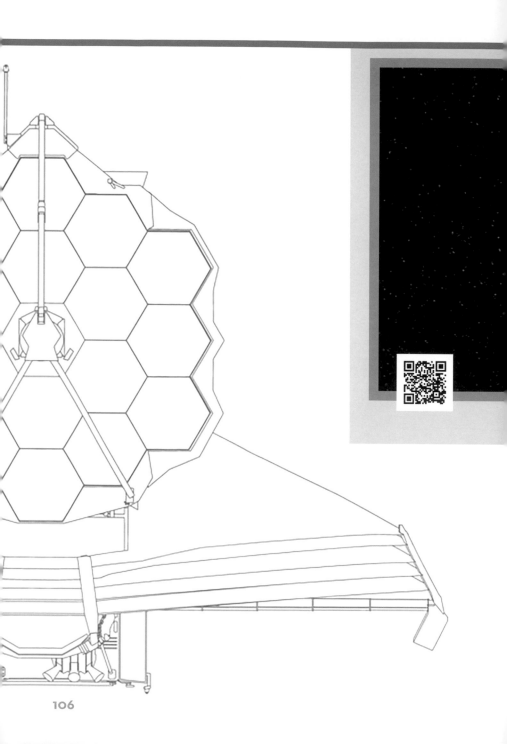

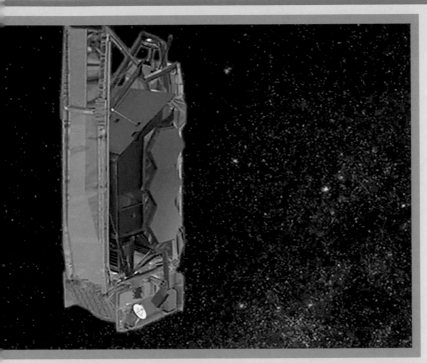

韋伯升空後遮陽罩與主鏡的部署流程（模擬影片）

整個鏡面的視野清晰，這18個小鏡面分成6個一組，每組的形狀和光學配置都稍有不同。

然而，韋伯鏡面的龐大尺寸帶來了另一個挑戰。因為主鏡總寬是6.5公尺，而最寬的運載火箭也只有5公尺寬。

在這裡韋伯的組合式鏡面設計就能發揮另一項優勢：它是可摺疊的。就像你家的餐桌在不招待客人的時候可以摺起來一樣，韋伯望遠鏡的兩側也能摺起來，使整個鏡面變窄，窄到可以放進酬載艙裡，讓亞利安5號火箭載著它飛進太空。

## 反射金屬表面

即使是最耐用的玻璃，在上太空時也有很大的風險，太空中酷寒的溫度更是難以應付。因此工程師為韋伯的鏡面找到了一種更好的材料：鈹元素。鈹是重量很輕的金屬，這對太空旅行是一大優點。

這種金屬還可以抵抗極冷的溫度，避免鏡面在低溫下變形，這對於太空作業非常重要。然而，鈹對紅外線的反射率不是很高，因此每一片鏡面還要再鍍上一層非常薄的金（大約3克重）。這不是為了美觀，而是工程上的需求，因為金對紅光和紅外線的反射率很高，尤其對紅外線反射率約為98%，普通的鋁鏡對可見光的反射率只有85%。

為了在鏡面上鍍金，要把金加熱到超過攝氏1300度，再讓金蒸氣附著在鈹鏡面上，要鍍上好幾層才能達到需要的厚度：120奈米，大約是人的頭髮直徑的200分之一。除了這樣的精確度之外，韋伯還能重新調整鏡面的形狀，即使是在軌道上運行的時候。每個小鏡面都有六個調節螺絲支撐，可以讓鏡面傾斜、扭曲和移動，來調整到正確的方向和位置。每個小鏡面後面有一塊壓力墊，則可以依照需求精確地推拉鏡面，讓韋伯得以在飛行中調整鏡面的形狀和焦點。

## 建造主鏡

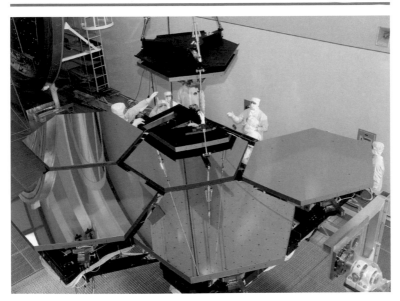

韋伯主鏡的六片尚未鍍膜的分段鏡面已準備好送到NASA馬歇爾太空飛行中心的X射線和低溫設施（X-ray and Cryogenic Facility）進行測試。

韋伯太空望遠鏡主鏡的工程設計單元（Engineering Design Unit）之一，已由量子鍍膜公司（Quantum Coating Incorporated）完成鍍金。

韋伯主鏡工程設計單元送抵戈達德太空飛行中心後，工程人員立即仔細檢查。

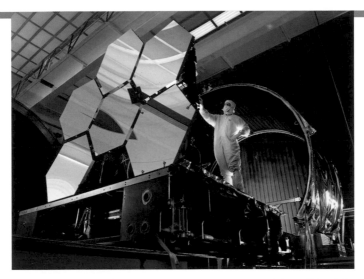

在NASA的馬歇爾太空飛行中心，波爾航太公司的首席光學測試工程師戴夫·錢尼（Dave Chaney）正在檢查六個分段鏡面，準備進行接下來的低溫測試。

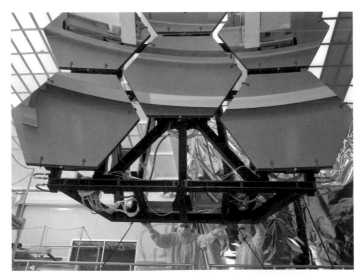

韋伯的六個分段鏡面在馬歇爾太空飛行中心完成最後的低溫測試，工程和技術人員引導鏡面從軌道上卸下。

## 副鏡和第三鏡

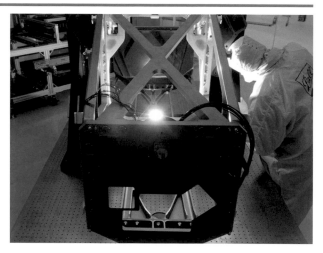

韋伯的第三鏡已裝進後光學工作台,這個工作台還裝了韋伯的精細轉向鏡。

在量子鍍膜公司剛完成鍍金的韋伯副鏡。

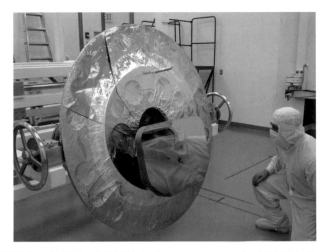

量子鍍膜公司總裁丹·派翠阿卡（Dan　Patriarca）與已鍍金的韋伯第三鏡。

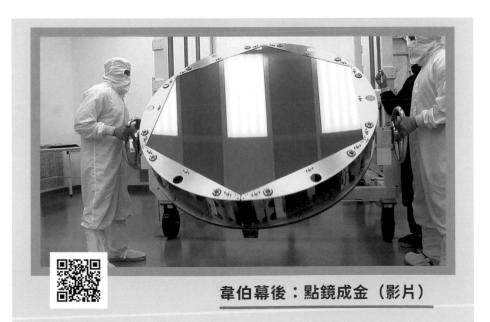

韋伯幕後：點鏡成金（影片）

# 工程系統

Engineering Syste

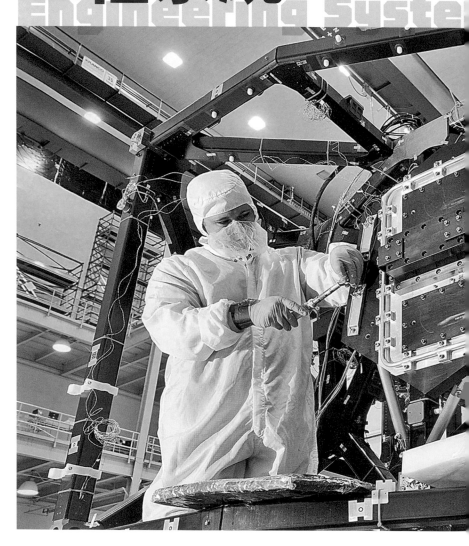

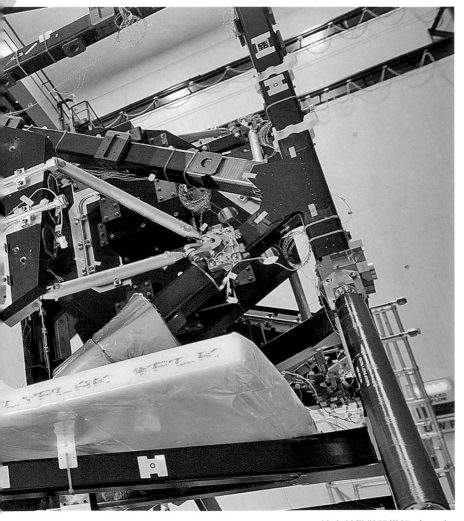

綜合科學儀器模組（ISIM）

**韋**伯不只是一台望遠鏡，還是一部複雜的飛行器，需要能執行一切太空任務的動力、導引、通訊和推進系統。韋伯上的這個區塊稱為「飛行器本體」（Spacecraft Bus），相當於韋伯的基礎建設，提供天文台運作的必要支援功能，其中包含六個主要的子系統。

電力子系統（The Electrical Power Subsystem）能把照射在太陽能板上的陽光轉換為電力，用以操作太空船上的其他子系統和科學儀器。

姿態控制子系統（The Attitude Control Subsystem）負責偵測韋伯的方向，保持穩定的軌道，並讓天文台指向望遠鏡即將要觀測的天區的大致方向。

通訊子系統（The Communication Subsystem）透過深空網路（Deep Space Network）發送資料並接收指令，由位於加州帕薩迪納的NASA噴射推進實驗室操作。

指令和數據處理子系統（The Command and Data Handling Subsystem，縮寫為C&DH）是太空船的大腦。這個系統有一台電腦和指令遙測處理器（Command Telemetry Processor，縮寫為CTP），會接收來自通訊子系統的指令，再傳到太空船上相應的系統。C&DH還包含韋伯的記憶體和資料存儲裝置，即固態記錄器（Solid State Recorder，縮寫為SSR）。CTP則是用來控制科學儀器、SSR和通訊子系統之間的訊息交流。

推進子系統（The Propulsion Subsystem）包含燃料箱和火箭，收到姿態控制系統的指令時就會點燃系統以維持軌道路徑。

熱控制子系統（The Thermal
Control Subsystem）負責維持太
空船上的工作溫度。

綜合科學儀器模組（The
Integrated Science Instrument
Module）是韋伯的結構核心，其
中容納了四個負責執行望遠鏡觀
測任務的主要科學儀器，以及操
作這些儀器所需的子系統。這套
骨架是大型的輕量化複合材料總
成，這樣的材料過去從未用來在
極低溫中承載精密光學儀器，因
此需要通過嚴苛的環境測試。

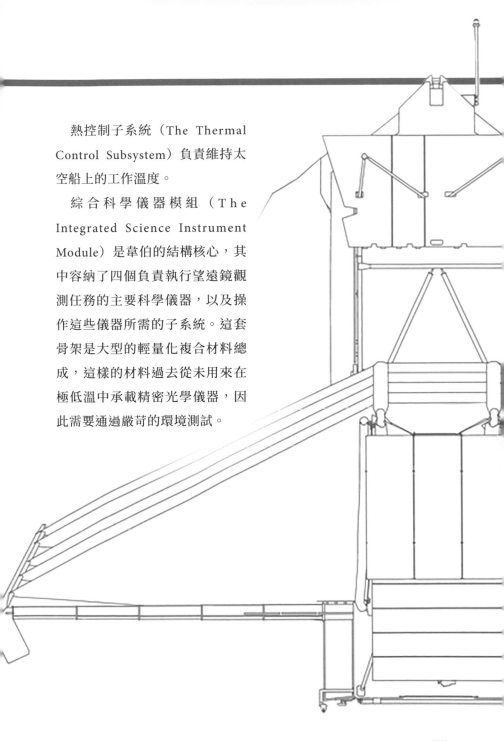

## 綜合科學儀器模組（ISIM）的建造與測試

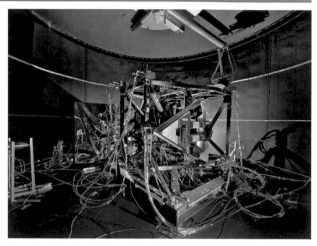

ISIM的側面掛了近紅外線光譜儀質量模擬器（NIRSpec Mass Simu-lator），在低溫測試期間會降溫至低於冥王星的溫度。

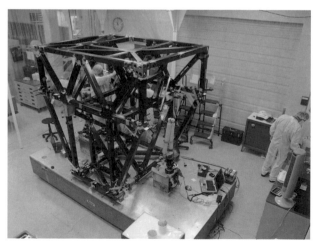

圖為支撐韋伯科學儀器套件的ISIM骨架，正在美國猶他州的 ATK公司由技術人員進行最後階段的組裝。

戈達德太空飛行中心的工程師使用雷射測量儀對ISIM骨架進行精密測量。

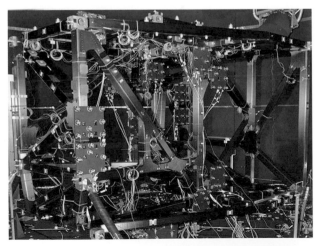

ISIM骨架正在NASA戈達德太空飛行中心的太空環境模擬器中接受真空測試。

# 第四節

# 儀器
## Instruments

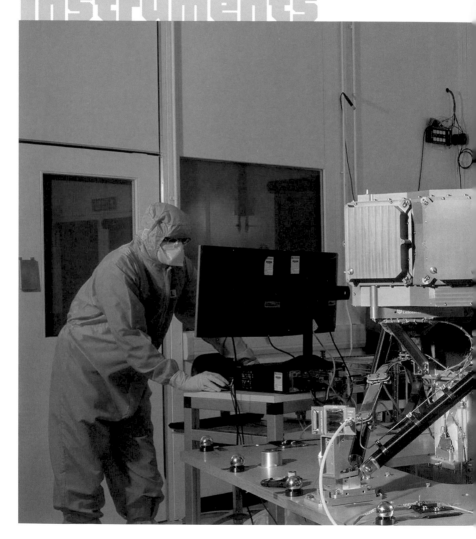

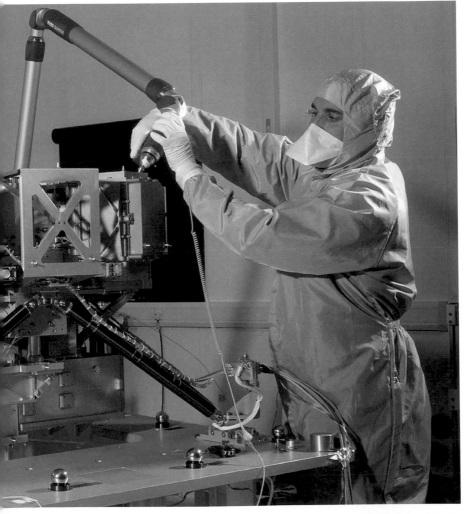

中紅外線儀器（MIRI）

**韋**伯的觀測能力和靈敏度主要來自它的主鏡，但把微弱的光線變成令人驚嘆的圖像、獲得開創性科學發現的，是韋伯的科學儀器。哈伯被設計成要藉由定期的維護任務來升級，但韋伯的運行軌道太遠，因此必須是一個充分完備的先進天文台，它的四套科學儀器要運作到望遠鏡壽終正寢為止。

## 近紅外線相機
### （Near-Infrared Camera，縮寫為NIRCam）

韋伯的近紅外線相機是一部具有大視野和高角解析度的相機，主要觀測近紅外線波段。這部相機的模組提供了廣域、寬頻成像，可望接續哈伯太空望遠鏡令人嘆為觀止的天文攝影成果，哈伯正是因此成為聲譽卓著的科學儀器。NIRCam會偵測到來自宇宙早期正在形成中的恆星和星系發出的光，並研究鄰近星系中的恆星族群、銀河系中的年輕恆星，以及古柏帶的天體（古柏帶是我們太陽系寒冷外圍區域的一部分）。這個科學儀器還可以作為望遠鏡的波前感測器，負責監控影像品質，並評估何時以及如何校正望遠鏡的視力。NIRCam的建造單位是亞利桑那大學。

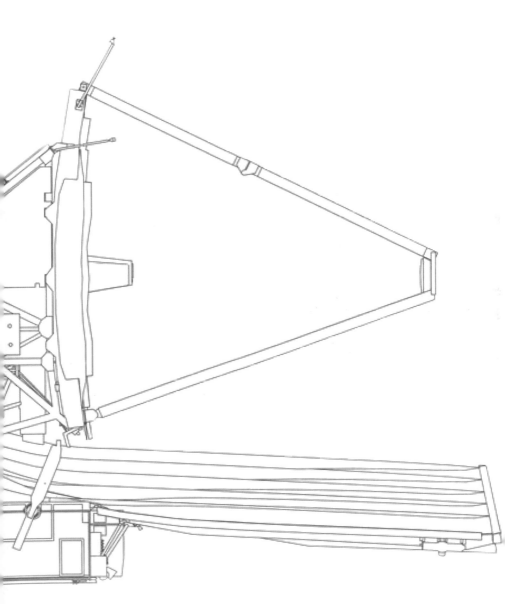

## 近紅外線相機（NIRCam）

測試用的近紅外線相機光學平台準備進行壓力測試。

韋伯的近紅外線相機飛行模組已全部組裝完成，並蝕刻了
「Go Girl Scouts」（女童軍加油）的字樣，以表彰NASA與
STEM教育的密切合作關係。

韋伯近紅外線相機小組把光學平台的兩個半邊用環氧樹脂
（epoxy）接合起來。

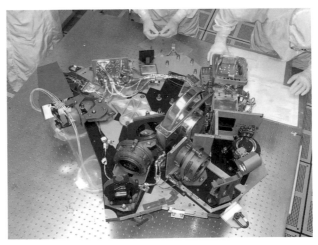

韋伯的近紅外線相機已在洛克希德公司通過測試，正在進行最
後的整理以備送往戈達德中心。

## 近紅外線光譜儀
### （Near-Infrared Spectrograph，縮寫為NIRSpec）

近紅外線光譜儀是一台多目標光譜儀，負責把在紅外線波段的光分散成各種不同波長的顏色。它讓科學家得以在9平方角分的視野中同時觀察100多個天體。這項創新技術是一個由24萬8000個微快門（microshutter）組成的系統，排列在一張郵票大小的晶片上。每一個微快門的大小是100 x 200微米，大約是3到6根頭髮的寬度，能把特定天體周圍的光源擋掉，把目標隔離出來，類似人會瞇著眼睛來看清楚細節一樣。微快門以鬆餅狀的網格排列，透過磁場來控制快門蓋打開或關閉。每個微快門都能獨立控制，讓天文學家可以決定要觀看或遮住哪些天區，同時對多個天體進行觀測。

NIRSpec由歐洲太空總署建造，會用來進行多項科學任務，包括研究恆星生成、分析年輕的遙遠星系的化學組成等。

## 近紅外線光譜儀（NIRSpec）

工程師正在檢視NIRSpec，這個儀器要用來分析宇宙天體的光。

近紅外線光譜儀上的濾鏡輪（filter wheel）細部結構。濾鏡輪上裝有一組邊緣傳輸濾鏡，用來在不同光譜中觀測時進行光譜級的分離，另外也配備了一個成像用的通光孔徑，和一組光瞳參考／校準鏡，供儀器自動校準。

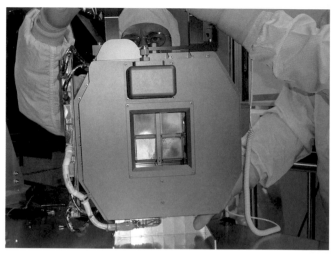

近紅外線光譜儀的微快門陣列。這部儀器的焦平面分成四個象限，每個象限各如一張郵票的大小，分布了6萬2000個微快門，材料是具有高拉伸強度和韌性的氮化矽，能多次開闔而不會產生疲乏。

技術人員正在檢查近紅外線光譜儀的選截鏡（pick-off mirror）。選截鏡用來把正常光路上的入射光導入特定儀器或感光元件。

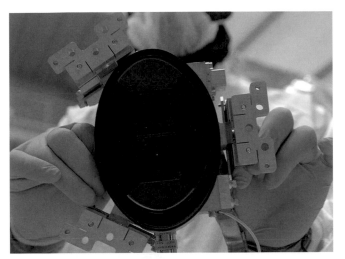

在戈達德中心的無塵室，歐洲太空總署的技術人員展示近紅外線光譜儀工程測試機組上的一具偵測器。

韋伯的近紅外線光譜儀由EADS Astrium公司在德國的IABG試驗設施進行震動與聲學測試，模擬亞利安5號火箭升空時造成的震動與聲學條件。

## 中紅外線儀器
### （Mid-Infrared Instrument，縮寫為MIRI）

中紅外線儀器兼具成像儀和光譜儀的功能，其中光譜儀模組
的觀測視野比成像儀小，可以獲得中等解析度的光譜資訊。
藉由檢視中紅外線波段，MIRI可以研究遙遠的恆星族群、
新生恆星的物理特性、模糊難辨的彗星的大小，以及古柏帶
天體。MIRI由十個歐洲研究機構和NASA噴射推進實驗室聯
合開發，於2012年春季送抵戈達德太空飛行中心（Goddard
Space Flight Center）。

## 中紅外線儀器（MIRI）

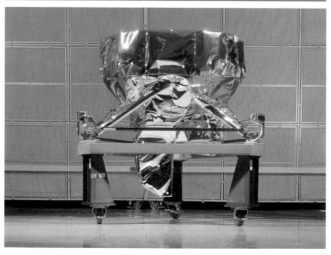

MIRI既是相機也是光譜儀，能拍照和分析光線。這部儀器是整
架韋伯望遠鏡中溫度最低的地方，要在絕對溫度7度中運作。

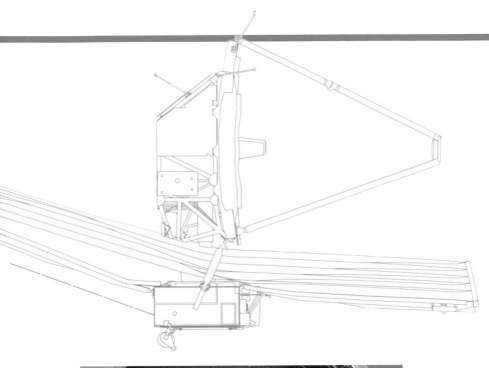

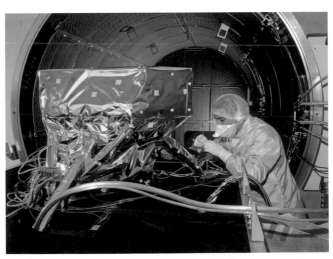

技術人員正在為MIRI做測試前的準備，主要測試目的為確保MIRI能經受火箭升空時的震動，以及能在太空的低溫真空環境中成功作業。測試地點在英國科學與技術設施委員會（STFC）的拉塞福阿普頓實驗室（Rutherford Appleton Laboratory，簡稱RAL）。

MIRI有了濾鏡輪，就成為不折不扣的科學儀器。除了光學鏡片之外，濾鏡輪的規畫、設計、建造和測試，都是出自馬克斯普朗克天文研究所（Max Planck Institute for Astronomy，簡稱MPIA）之手。濾鏡輪上的18枚光學鏡片包括濾光片，遮擋強光的星冕儀，和一個稜鏡。

MIRI在拉塞福阿普頓實驗室的無塵室進行環境溫度校準測試。

NASA戈達德太空飛行中心的汙染控制工程師正在為剛送達的
MIRI進行「到貨檢驗」。

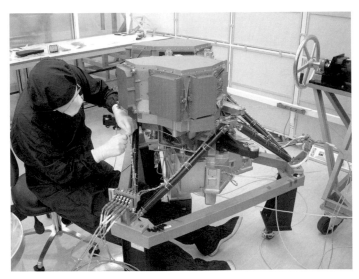

技術人員在英國拉塞福阿普頓實驗室的無塵室，把MIRI整合到
飛行模組中。

## 精細導星感測器／近紅外線相機和無縫光譜儀

（Fine Guidance Sensor/ Near Infrared Imager and Slitless Spectrograph，縮寫為FGS/NIRISS）

FGS/NIRISS包含了兩部儀器，其中精細導星感測器（FGS）的功能就像導星鏡，誤差在百萬分之一度以內（相當於1500公里外一枚25美分硬幣的寬度），能讓韋伯精確指向目標位置，進而獲得高品質影像。

## 精細導星感測器／近紅外線相機和無縫光譜儀 （FGS/NIRISS）

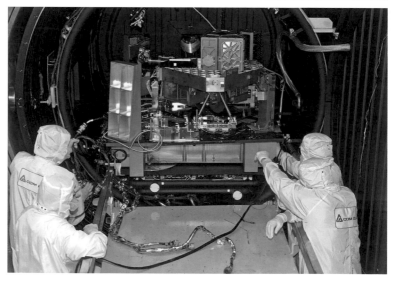

2009年9月在加拿大渥太華的大衛佛羅里達實驗室（David Florida Laboratory），一組工程測試人員正準備把FGS送入低溫測試設備中。

近紅外線相機和無縫光譜儀則是用來達成下列科學目標：偵測宇宙的第一道光、系外行星的探測與特徵辦識，以及系外行星的凌日光譜學。NIRISS的波長範圍是0.7到5.0微米，有三個主模式，每個模式分別對應到一個獨立的波段。FGS/NIRISS由加拿大太空總署開發，2012年夏天送抵戈達德太空飛行中心。

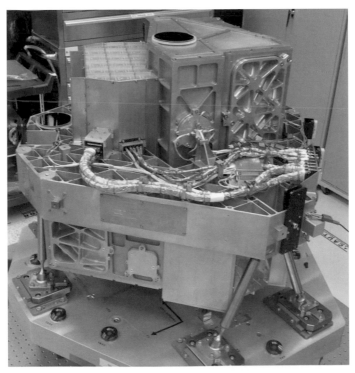

正在進行低溫測試的FGS飛行模組。

FGS在2012年7月由加拿大送抵戈達德太空飛行中心後，NASA的技術人員小心地打開運輸箱的上半部。這是第二個送抵戈達德的韋伯望遠鏡儀器。

FGS/NIRISS在戈達德太空飛行中心巨大的無塵室中被吊起來，準備安放到一部「主工具」（Master Tool）中進行各項重要測量，以確認低溫與光學表現合乎標準，再安裝到飛行結構上。

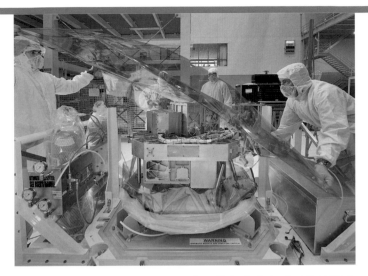

FGS/NIRISS在戈達德太空飛行中心的無塵室完成到貨檢驗之後，NASA和加拿大太空總署的外包工程人員為儀器蓋上一塊Ilumalloy材料做成的保護罩，防止離子污染。

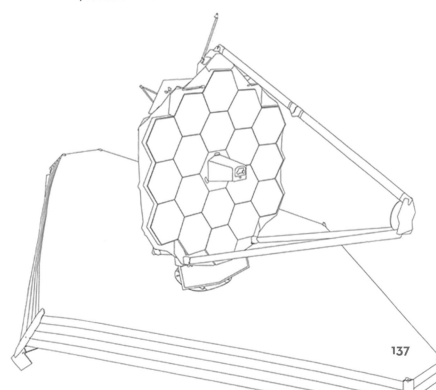

# 太空漫遊
## A Space Odyssey

準備發射的亞利安5號火箭

## 亞利安5號火箭的 基本數據

- 標準長度：50.5公尺
- 標準升空質量：780噸
- 有效酬載能力：10公噸可到達地球同步轉換軌道（GTO），超過20公噸可進入低地球軌道（LEO）
- 發射：法屬圭亞那，庫魯

準備發射的亞利安5號火箭

**韋**伯的鏡面和遮陽罩會摺疊起來放入亞利安5號火箭，在接近目標軌道時完成部署。

韋伯太空望遠鏡是一項跨國、跨洋的計畫。加拿大太空總署（CSA）負責建造韋伯的精細導星感測器，以及近紅外線相機和無縫光譜儀。歐洲太空總署（ESA）協助建造中紅外線儀器和近紅外線光譜儀。ESA和CSA都有工程師和科學家，在韋伯望遠鏡發射後持續協助韋伯的運行作業。ESA負責的重要工作就是提供把韋伯送上軌道的運載火箭。

## 韋伯升空畫面

亞利安5號火箭搭仔韋伯太空望遠鏡，在2021年12月25日從歐洲太空總署的庫魯基地成功發射。

## 前進遠方

　　亞利安5號火箭會把韋伯太空望遠鏡從地球表面帶到距離地球150萬公里的新家，這是月球到地球距離的三倍。而哈伯太空望遠鏡則是位於近地軌道上，距離地面約570公里。

　　韋伯望遠鏡會從亞利安太空公司（Arianespace，位於南美洲法屬圭亞那的庫魯附近）的ELA-3發射台升空。這個發射地點靠近地球的赤道，在這裡發射的好處是可以利用地球自轉提供火箭額外的動力，把韋伯送入軌道，飛向最終目的地。

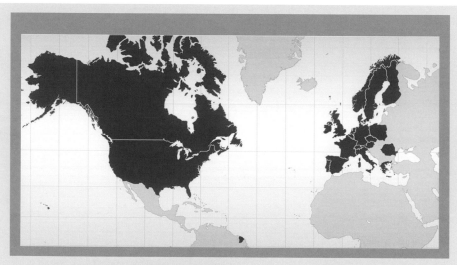

### 參與開發韋伯望遠鏡的國家

地圖上的紅色區域是參與韋伯任務的國家，分別在從設計到發射各方面提供貢獻。

## 全球參與

美國和世界各地的數十個單位和分包商，都為韋伯太空望遠鏡做出貢獻。以下是一些主要參與者。

### NASA的參與機構：

- 戈達德太空飛行中心：韋伯的主導單位，負責監督韋伯的開發、建造和測試
- 馬歇爾太空飛行中心：鏡面測試
- 詹森太空中心：天文台測試

### 主要承包單位：

- 諾斯洛普・格魯曼航太系統公司（Northrop Grumman Aerospace Systems）：總承包人
- 波爾航太公司（Ball Aerospace）：建造主鏡
- ATK：提供遮陽罩材料
- 歐洲太空總署：負責NIRSpec和MIRI
- EADS-Astrium：NIRSpec的執行單位
- 歐洲研究所聯盟（European Consortium Institutes）：MIRI的合作單位
- 噴射推進實驗室：MIRI的合作單位
- 洛克希德先進科技（Lockheed Advanced Technology）：NIRCam的執行單位
- 加拿大太空總署：建造FGS和 NIRISS
- ComDev：FGS的執行單位

# 第四章

# 韋伯
# 新視界

本章介紹的影像顯示了韋伯
對於觀測早期宇宙、星系演化、
恆星生成、與系外行星的強大能力。
未來將會有更多的計畫
加入韋伯的觀測任務中，
為人類開啟觀看宇宙的全新視野。

韋伯望遠鏡在2021年12月25日
成功發射升空之後，要在太空中飛行29天，
才能抵達目的地：L2軌道。
在這段150萬公里的旅程中，
韋伯一邊飛行，一邊逐步展開與部署。
這是一項十分艱鉅的挑戰，
所有的展開程序都要精準無誤，
望遠鏡最後才能順利運作。

# 韋伯鏡面
# 的調校

**韋**伯在2022年1月24日抵達L2軌道後，必須先完成儀器的調校才能夠開始觀測。2022年2月初，韋伯望遠鏡傳回了第一顆恆星的圖像。在圖1a中，可以看到18個分散的星點，然而，這些星點其實都是來自於同一顆恆星的光。這顆恆星名為HD 84406，是韋伯望遠鏡用來進行鏡面對焦的目標天體。在鏡面調校之前，韋伯的18片鏡面各有不同的焦點，所以在圖1a中可看到18個鏡面各自產生的18個星點。但經過逐步調校之後，望遠鏡漸漸聚焦（見圖1b及圖1c），最終才能產生清晰的影片。在圖2中，把韋伯的紅外線影像與前一代的史匹哲紅外線太空望遠鏡比較，就可看出韋伯望遠鏡優異的解析度。

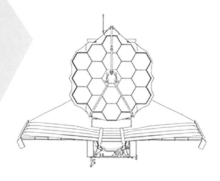

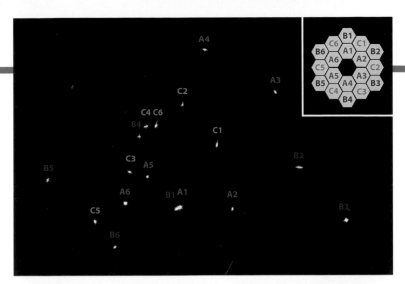

圖1a：恆星HD84406影像中的18個星點，分別對應到18個不同的鏡面。

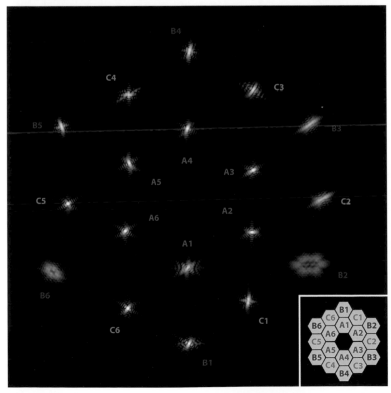

圖1b：恆星HD84406的影像。此時望遠鏡鏡面剛完成第一階段的調校。

圖1c：恆星HD84406的影像。此時望遠鏡鏡鏡面已完成第三階段的調校。

圖2：韋伯望遠鏡與前一代史匹哲紅外線太空望遠鏡的影像比較。

# 韋伯的
# 最新影像

由於韋伯的鏡面設計非常精密，所以每一次的鏡面調校幅度都很細微，整個過程總共經歷了五個多月的才完成。終於，在2022年7月12日，韋伯公開了第一組影像，接下來也陸續公布了很多具有極高科學價值的觀測結果。這些影像呈現出前所未見的天體細節，也提供了未來科學研究的珍貴數據。

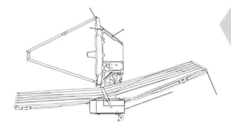

發布日期：2022年7月12日　　距離：約42.4億光年
拍攝日期：2022年6月7日　　星座：飛魚座
拍攝儀器：NIRCam　　　　　分類：透鏡星系團

Image credit: NASA, ESA, CSA, STScI

## 韋伯深空影像
## （Webb's First Deep Field）

韋伯公布的第一張影像是深空影像。所謂深空影像，是對著天空中某個陰暗的天區作長時間曝光，目的是拍攝非常遙遠昏暗的星系。在韋伯深空影像中，除了可看見星系團 SMACS 0723中的數千個星系之外，還能看到很多前景星系與背景星系。

星系團中藍色天體所發出的光，大多來自星光，這些星系的灰塵含量很少；而紅色天體是灰塵含量很多的星系，綠色天體則是充滿了碳氫化合物的星系。研究人員可以藉由分析這些數據，來研究星系如何誕生、演化，和如何與其他星系合併。

另外，在背景星系當中，特別值得注意的是那些扭曲變形成弧線、或不規則形狀的星系。這些都是來自比SMACS 0723星系團還要遠得多的遙遠星系。前方的星系團距離地球46億光年，然而那些變形的星系卻很有可能來自於100多億年前的光。因為前方巨大星系團造成的重力透鏡效應，使得這些遙遠的背景星系被放大變形，進而被投影到前方。這些來自100多億年前的光，提供了科學家研究早期宇宙演化的有力數據。

這張照片也顯示了韋伯強大的集光能力，它只曝光了12.5個小時就達到了哈伯望遠鏡曝光數個星期的深度。未來的觀測計畫會進行更長時間的曝光，預計能觀察到更多細節與更遙遠的星系。

除了使用近紅外線相機（NIRCam）之外，韋伯同時也使用近紅外線光譜儀（NIRSpec）來觀測SMACS 0723星系團當中的48個星系。藉由光譜的數據，科學家可以得知這些星系的距離與組成物質。經由這些光譜分析，科學家發現了四個100多億年前的星系，如右圖所示，中央是這四個星系的紅外線影像，右側是這四個星系的光譜資訊。圖中央有四個昏暗的古老星系，從上到下，分別是來自於113億、126億、130億、以及131億年前的光。其中最下方來自於131億年前星系所發出的光，這是目前找到最遙遠的星系，大約在宇宙誕生不到7億年就出現了（宇宙年齡大約137.7億年）。

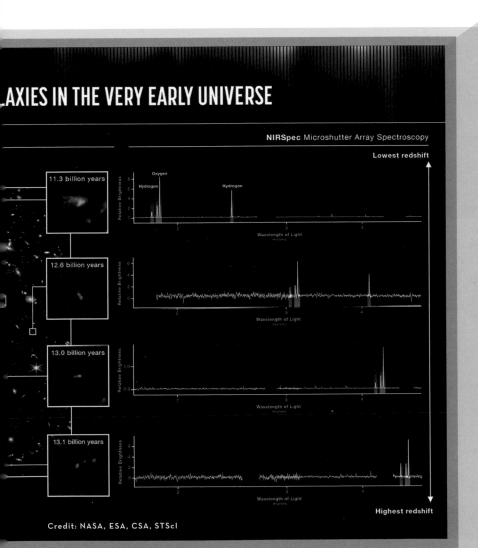

**NIRSpec** Microshutter Array Spectroscopy

Lowest redshift

11.3 billion years

12.6 billion years

13.0 billion years

13.1 billion years

Highest redshift

Credit: NASA, ESA, CSA, STScl

## 船底座星雲（Carina Nebula）

NGC 3324星雲位於船底座星雲的邊緣，這個雲氣瀰漫的區域充滿了灰塵與氣體，很多恆星才剛從這團星雲中誕生。深埋在雲氣裡的年輕恆星發出的可見光被厚重的分子雲遮住，所以用可見光望遠鏡無法看見，但恆星發出的紅外線可以穿透灰塵與氣體，所以藉由韋伯的紅外線儀器就可以拍攝到圖中所見到的點點繁星。這也是韋伯望遠鏡卓越的優勢之一。

另外，韋伯望遠鏡也能偵測到更多星雲中的細節。例如在這幅由韋伯的近紅外線相機拍攝的照片中，可以觀察到星雲的邊緣有許

發布日期：2022年7月12日
拍攝日期：2022年6月3日
拍攝儀器：NIRCam
距離：7600光年
星座：船底座
分類：船底座星雲的恆星
形成區

Image credit: NASA, ESA, CSA,
STScI

多突起像泡泡的結構。這些泡泡的中央是年輕熾熱的大質量恆星，
正在發出強烈的紫外線和恆星風，並且把周圍的雲氣往外堆，像在
吹泡泡一樣，因而形成了圖中所看見的突起結構。此外，科學家還
在這片雲氣中發現原始恆星產生的噴流（protostellar jets）。

　　這些恆星誕生的現象通常都是稍縱即逝，因為恆星生成的初期
時間很短暫，大約只會持續5萬到10萬年，所以很難被望遠鏡觀測
到。但受惠於韋伯紅外線儀器極佳的靈敏度與解析度，天文學家現
在可以藉此研究恆星誕生之謎。

發布日期：2022年7月12日　　　距離：2億9000萬光年
拍攝日期：2022年6月11-12　　星座：飛馬座
日、2022年7月1日　　　　　　分類：交互作用星系群
拍攝儀器：NIRCam 和 MIRI

Image credit: NASA, ESA, CSA, STScI

## 史蒂芬五重星系 (Stephan's Quintet)

這幅影像中看起來是五個星系緊密的聚集在一起，但實際上只有四個星系是真正彼此靠近的（NGC 7317, NGC 7318A, NGC 7318B, NGC 7319），最左邊的NGC 7320 是因為視線上的投影而造成的錯覺。

NGC 7320 在圖中是前景星系，距離地球約4000萬光年。其他四個真正發生交互作用的星系則距離地球2.9億光年。這四個星系因為彼此的重力相互拉扯，造成星系內部的氣體和塵埃被拉出長長的尾巴，形成了非常華麗的景象。

在韋伯影像中看到的顏色，黃色和橙色是由MIRI拍攝，而藍色和白色則是由NIRCam拍攝。在五重星系影像的正中央，有兩個正在合併的星系（NGC 7318A, NGC 7318B），可以看到兩個明亮的星系核心緊密的靠近。這兩個星系上方，是正向他們靠近的巨大螺旋星系NGC 7319，這是一個活躍星系核，中央有一個活動非常激烈的超大質量黑洞，正在大量的吸積周圍的物質。

韋伯的MIRI捕捉到了這二個星系碰撞時產生的巨大衝擊波，也就是位於圖片中央顯著的紅色和金色的弧形結構，其中可以看到大量的星爆活動（即有大量的恆星在短時間內誕生）正在進行。

斯蒂芬五重奏星系就如同一個太空中的實驗室，而韋伯傑出的解析度提供了前所未有的細節，讓科學家可以藉此了解交互作用星系中的氣體如何受到干擾，如何激發恆星生成，進而研究星系間的相互作用如何推動早期宇宙星系演化。

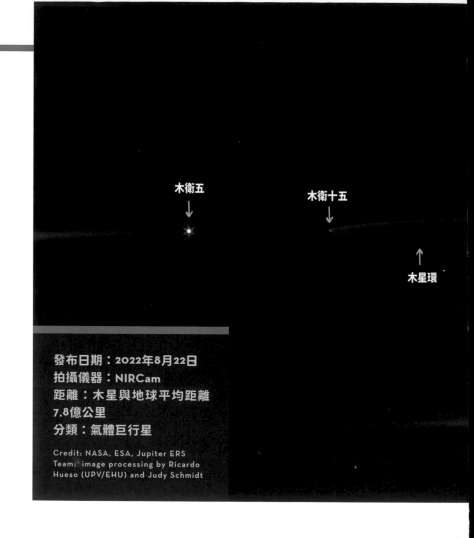

木衛五
↓

木衛十五
↓

↑
木星環

發布日期：2022年8月22日
拍攝儀器：NIRCam
距離：木星與地球平均距離
7.8億公里
分類：氣體巨行星

Credit: NASA, ESA, Jupiter ERS
Team; image processing by Ricardo
Hueso (UPV/EHU) and Judy Schmidt

## 木星的極光與霧霾

在韋伯的木星影像中可以看到木星大氣各種活躍的活動，包括巨大
的旋轉風暴、強風、極光、以及極端的溫度和壓力。由於木星表層
的大氣很厚，過去的可見光觀測無法深入探索木星深層的大氣。但
是韋伯望遠鏡提供的紅外線觀測，能夠穿透厚重的大氣層，讓科學
家可以觀察到木星更深層的大氣。

北極光 →

↑
南極光

　　除此之外，韋伯的紅外線儀器還能看到很多可見光望遠鏡幾乎
看不見的結構與現象，例如微弱的木星環、南北極光，和兩個衛星
木衛五（Amalthea）和木衛十五（Adrastea）。圖中顯示的木星環比
木星本身暗100萬倍，而木衛十五的直徑僅約16公里。可以看到這些
意料之外的細節，讓天文學家非常驚喜。

Hubble / Optical

Hubble & Webb

## 幻影星系（Phantom Galaxy）

幻影星系又名 M74，是一個特殊的螺旋星系，它的旋臂結構完整且異常顯著，是太空中近乎完美的螺旋結構。圖中顯示了幻影星系核心區域的多波段觀測結果，由左而右分別是哈伯的可見光影像、哈伯與韋伯合成的影像、韋伯的紅外線影像。

從這個多波段觀測的比較中，可以看到哈伯與韋伯的觀測彼此互補有無。哈伯的可見光觀測，看到的主要是恆星發出的光，從星系核心附近較老、較紅的恆星，到旋臂上較年輕、較藍的恆星，再

Webb / Infrared

發布日期：2022年8月29日
拍攝儀器：MIRI
距離：3200萬光年
星座：雙魚座
分類：星系

Credit: ESA/Webb, NASA & CSA, J. Lee and the PHANGS-JWST Team.

到最活躍的恆星生成區（左圖中的紅色泡泡區域）。

　　然而，韋伯望遠鏡拍攝出來的是截然不同的影像。除了恆星的光之外，韋伯紅外線的觀測更能突顯星系旋臂上大量的氣體和塵埃結構，也能穿透星系核心區域厚重的塵埃，看到核心周圍密集的星團。這些氣體和塵埃的結構在哈伯的影像上是一片昏黃模糊的區域，但在韋伯的影像上就變得非常清晰。為了能夠更全面的研究一個天體，科學家必須結合多波段的觀測，不只可見光和紅外線，還包括電波、紫外線和X光等等電磁波，才能夠了解天體的全貌。

發布日期：2022年9月21日
拍攝日期：2022年7月12日
拍攝儀器：NIRCam
距離：海王星與地球平均距
離45億公里
分類：氣體巨行星

Image credit: NASA, ESA, CSA, STScI

## 海王星與其衛星

過去在可見光的觀測中，看到海王星呈現藍色，這是因為海王星大氣中的甲烷會吸收紅光和紅外線，並且反射藍光。但在韋伯的紅外線觀測中，海王星呈現了全然不同的影像。

因為甲烷會吸收紅外線，海王星在近紅外線的觀測下顯得比較暗淡，但卻可以清楚看到海王星的環。海王星環主要由塵埃組成，因為離地球太遠，在可見光中昏暗到幾乎看不見。然而，藉由韋伯的紅外線相機，不旦拍到了海王星幾個較亮的環，連暗淡的環也看的到。

更仔細看，可以看到環上有幾個亮點，那些是海王星的衛星。圖中左上角發出星芒的天體並不是恆星，而是海衛一（Triton），它能反射70%的太陽光，所以在紅外線相機裡顯得非常亮。韋伯一共拍到六顆海王星的衛星。除了環與衛星之外，韋伯也捕捉到了海王星表面激烈的大氣現象。在過去30多年的觀測中，科學家從未如此清晰地看過海王星。

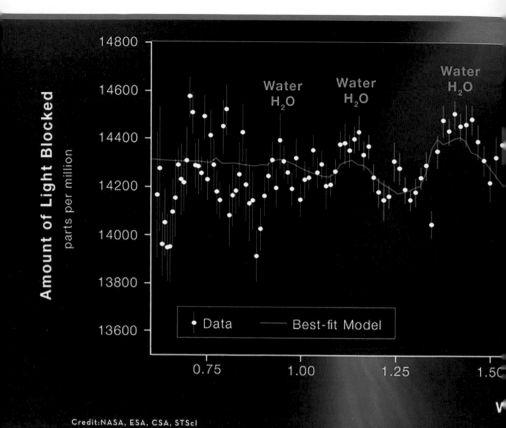

Credit:NASA, ESA, CSA, STScI

## 系外行星 WASP-96 b

「尋找系外行星與生命的起源」是韋伯的科學目標之一。具有水分子和有機物的大氣環境，就可能產生生命。韋伯藉由近紅外線相機和無縫光譜儀（NIRISS）來分析系外行星上可能組成生命的化學成分，而得以研究宇宙中生命的起源。

在韋伯公布的第一組影像中就展示了初步的研究成果：韋伯使用NIRISS觀測系外行星WASP-96 b的大氣，偵測到了水的存在。WASP-96 b離地球1150光年，圍繞著一顆類太陽恆星運行，是

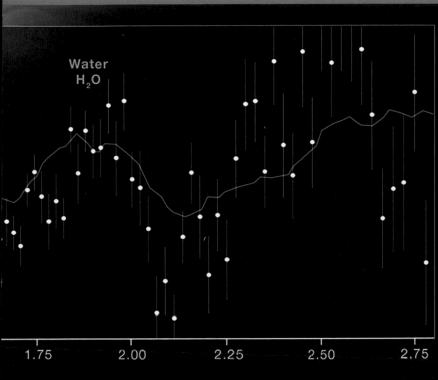

Water
H₂O

1.75        2.00        2.25        2.50        2.75

ength of Light

microns

我們銀河系中已知5000多顆的系外行星之一，它的質量不到木星的一半，直徑是木星的1.2倍，密度比太陽系所有行星都要低。更特別的是，WASP-96 b 的軌道很靠近它的母恆星，只有水星到太陽距離的九分之一，公轉一周只要3.5個地球日。上述特徵對於觀測系外行星的大氣來說非常有利。

在圖中可以看到在某些特定波段的光度會因為水分子的存在而降低。這項觀測結果為科學家提供了前所未見的精細數據，讓科學家得以分析系外行星大氣的組成、並研究可能發展出生命的環境。

## 創生之柱

這片星雲屬於巨大的老鷹星雲的一部分，距我們約6500光年。圖中的柱狀區域布滿了氣體和塵埃，是很活躍的恆星生成區，也因此稱為「創生之柱」。經由韋伯的紅外線觀測，科學家發現了更多其中的細節。

圖中看到的點點繁星主要來自韋伯的NIRcam，如塵埃柱外圍的橙色光點，這些明亮的球狀天體是數以千計剛誕生的年輕恆星。第二根塵埃柱頂端可以看到鮮豔的紅色，這是更年輕、活躍的恆星活動所造成。韋伯捕捉到了恆星形成過程中產生的週期性噴流。這些年輕的恆星才剛誕生幾十萬年，而這樣的形成過程可能還會再持續數百萬年。

而韋伯的MIRI拍到的影像主要是塵埃，例如圖的最上方那一大片瀰漫橙色的區域，而在柱體下方的靛藍色區域，則是塵埃分布最密集的地方。這些厚厚的灰塵擋住了可見光的視線，用可見光望遠鏡無法看見裡面密密麻麻的恆星，所以在哈伯望遠鏡1995年拍攝的可見光影像中（嵌入圖）看不見點點星光，只有大片深暗的塵埃區。韋伯能拍攝到深埋在塵埃中的恆星，這正是它很重要的優勢之一。

發布日期：2022年11月30日　　距離：6500光年
拍攝日期：2022年8月14日　　　星座：長蛇座
拍攝儀器：NIRCam、MIRI　　　分類：發射星雲
Image credit: NASA, ESA, CSA, STScI

第五章

# 結語

韋伯以哈伯（可見光）和
史匹哲（紅外線）太空望遠鏡的
傳承為基礎，是美國
國家科學院2010年
科學十年調查的重點計畫。

韋伯望遠鏡的成功發射，
是在全世界經歷了艱難疫情、
一年即將結束之際
殷殷盼望的好消息。
許多國家轉播了發射實況，
令人回想起20多年前
國際太空站升空、
甚至更早之前
阿波羅計畫帶來的振奮。

**韋**伯太空望遠鏡把我們的視野推得更遠，為我們揭開新的細節，發掘隱藏的宇宙。它的創新設計、龐大尺寸和驚人解析度，會給我們帶來全新版本的宇宙－－肉眼看不見的紅外線宇宙。但即使像韋伯這麼獨特的望遠鏡，也不可能單靠一己之力。

## 未來望遠鏡之間的協作

特別令人期待的是，韋伯與其他下一代地面和太空天文台之間協力作業時，會產生特別的加乘效應。過去幾十年來，以兩座或更多天文台來研究同一個天體，這樣的合作模式已經獲得許多重大發現，例如哈伯太空望遠鏡就經常和夏威夷的凱克天文台（Keck Observatory），或是新墨西哥州的超大電波陣列（VLA）等望遠鏡合作。這些地面望遠鏡添加了額外波段的觀測以供研究，並利用更高的解析度，幫哈伯擴大了科學影響力。

韋伯也會和其他頂尖的儀器進行類似的合作，這些新一代天文台會在韋伯服役期間陸續開始運作，各自貢獻獨特的能力，與韋伯攜手處理美國國家研究委員會在最新的十年調查計畫中強調的主要科學問題。

阿塔卡馬大型毫米波／亞毫米波陣列（Atacama Large Millimeter / submillimeter Array，縮寫為ALMA）會研究宇宙寒冷黑暗區域在毫米波段發出的明亮光芒，例如原行星盤，可為韋伯在相同領域的紅外線研究提供補充資訊。

此外，巨型分段鏡面望遠鏡（Giant Segmented Mirror Telescope，縮寫為GSMT）能對非常微弱、遙遠的天體進行更高解析度的光譜分析，有助於研究非常早期星系的形狀和運動。現已併入三十公尺望遠鏡（Thirty Meter Telescope）計畫。

韋伯也會與原稱大型綜合巡天望遠鏡（Large Synoptic Survey Telescope，縮寫為LSST）的薇拉‧魯賓天文台（Vera C. Rubin Observatory），和原稱廣域紅外線巡天觀測望遠鏡（Wide-Field Infrared Survey Telescope，縮寫為WFIRST）的羅曼太空望遠鏡（Nancy Grace Roman Space Telescope）合作，運用重力透鏡（光在大質量天體的周圍受重力彎曲的特質）等技術，擴展我們對暗能量的理解，並測繪出更完備的暗物質分布圖。此外，韋伯還能持續追蹤利用重力透鏡找到的非常遙遠的超新星。

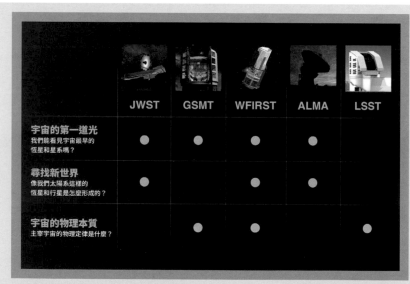

|  | JWST | GSMT | WFIRST | ALMA | LSST |
|---|---|---|---|---|---|
| **宇宙的第一道光**<br>我們能看見宇宙最早的恆星和星系嗎？ |  | ● | ● | ● |  |
| **尋找新世界**<br>像我們太陽系這樣的恆星和行星是怎麼形成的？ | ● |  | ● | ● |  |
| **宇宙的物理本質**<br>主宰宇宙的物理定律是什麼？ |  | ● | ● |  | ● |

## 各天文台間的合作領域

這些望遠鏡在不同領域各擅勝場，使天文學家能夠全面了解宇宙。

## 韋伯的天文台夥伴

阿塔卡馬大型毫米波／亞毫米波陣列（ALMA）測試設施，這組望遠鏡陣列包含有 54 座口徑12公尺的天線和12座口徑7公尺的天線，由美國、歐洲、日本、智利和台灣共同建造、營運和管理。

位於智利帕瓊山（Cerro Pachon）的薇拉·魯賓天文台建築示意圖，工程仍在進行中，預定2023年啟用。

巨型麥哲倫望遠鏡（Giant Magellan Telescope）主鏡由七片直徑 8.4公尺的分段鏡面組成，位於智利阿卡塔馬地區，預定2025年啟用。

口徑39公尺的歐洲極大望遠鏡（E-ELT）號稱世界上最大的地面光學望遠鏡，位於智利亞馬遜斯山（Cerro Amazones），預定2027年啟用。

三十公尺望遠鏡（Thirty Meter Telescope）國際天文台示意圖。這是新一代的極大望遠鏡計畫之一，由美國、加拿大、日本、中國、印度合作開發，觀測波段從紫外線到中紅外線，在紅外線波段的成像銳利度為韋伯望遠鏡的四倍。原以選址於夏威夷茂納凱亞山，於2015年停工後計畫持續推動，但尚無復工進度。

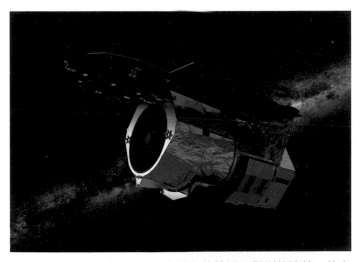

口徑和哈伯同為2.4公尺的NASA的廣域紅外線巡天觀測望遠鏡，擁有與哈相同的解析度，但有100倍的視域範圍，可觀測大尺度的宇宙。它在2020年正式更名為羅曼太空望遠鏡，以美國航太總署第一位首席女性天文學家、被譽為「哈伯之母」的南西・葛麗絲・羅曼（Nancy Grace Roman）為名，預定最快在2026年底升空。

## 未知的領域

在偵測最古老恆星和最遙遠星系的時候，韋伯望遠鏡化身成宇宙的時間機器，把天文學者和大眾帶回到宇宙發出第一道光、創造出宇宙演化的大舞台的那段時期。

這方面的探討顯然是韋伯能力可及的範圍，但最有趣的是，我們可能會發現目前還無法預見的問題，這樣的發現將會再次重塑我們對宇宙的理解，和我們在宇宙中的定位。

當初哈伯太空望遠鏡發射時，也有特定的、迫切的科學任務要探索。然而，哈伯有一些最重大的發現——例如神祕、無法解釋的「暗能量」正在推動宇宙加速膨脹——卻是在天文學家從未預料到的領域中意外得來的。

我們只能在期待中想像韋伯接下來所能創造的可能性，會為天文學帶來什麼樣翻天覆地的衝擊和奇蹟。

## 命名背後的傳說

韋伯太空望遠鏡以NASA第二任署長詹姆斯・愛德溫・韋伯（James Edwin Webb）的名字來命名。他任職於1961年至1968年，在他的監管之下，美國太空計畫得到卓越的進展。韋伯強化了太空科學計畫，並負責超過75次的發射任務。他也為NASA後來的成功奠定良好的基礎，例如歷史性的阿波羅登月計畫，就在他1968年從NASA退休後不久實現。

## 隨時留意最新消息

**WEBB SPACE TELESCOPE** **WebbTelescope.org（韋伯太空望遠鏡官網）：**
https://webbtelescope.org/home

**NASA** **NASA的韋伯專頁：** https://jwst.nasa.gov/

**eesa** **ESA的韋伯專頁：** https://sci.esa.int/web/jwst

**Facebook：** https://www.facebook.com/NASAWebb

**Flickr：** https://www.flickr.com/photos/nasawebbtelescope

**Twitter：** https://twitter.com/NASAWebbTelescp

**YouTube** **YouTube：** https://www.youtube.com/user/NASAWebbTelescope

**詹姆斯・韋伯（1906-1992）**

# 作者簡介與
# 圖片出處

**作者簡介**

## 太空望遠鏡科學研究所

這所科學中心由NASA委託大學天文研究協會
（Association of Universities for Research in Astronomy，
簡稱AURA）籌辦，於1981年在美國巴爾的摩的約翰霍
普金斯大學霍姆伍德校區（Homewood）創立，作為當
時「大太空望遠鏡」計畫（即後來的哈伯太空望遠鏡）
提供長期指導與支援的的獨立機構。目前除了持續執行
哈伯的科學任務和韋伯的經營管理與研究計畫，也負責
克卜勒任務的資料管理，並作為其他天文觀測計畫的支
援中心，未來也將作為南西・羅曼太空望遠鏡的科學控
制中心。

**譯者簡介**

## 徐麗婷

政大應用物理所兼任助理教授，北市天文館期刊《臺北
星空》特約作者。於德國慕尼黑大學取得物理博士學
位，博士論文即是以哈伯太空望遠鏡的觀測結果作為主
要的研究資料來源。曾於德國馬克斯・普朗克地外物理
研究所、中研院天文物理研究所從事研究工作。目前專
注於科普教學、寫作和翻譯。平時並帶領科普讀書會，
積極推廣天文科普知識，希望能以淺顯的語言文字讓大
眾領會科學之美。譯有《哈伯寶藏：哈伯太空望遠鏡30
年偉大探索與傳世影像》。

# 圖片出處

## 封面
- Webb model credit: Northrop Grumman Corporation, NASA, and G. Bacon (STScI)

## 第一章 前言
### PAGE 6-7
**韋伯與銀河系繪圖**
Artwork credit: NASA, and A. Feild (STScI) Model credit: Northrop Grumman, NASA, and G. Bacon (STScI) Moon credit: NASA/Sean Smith Milky Way credit: Axel Mellinger Earth credit: NASA Goddard Space Flight Center

### PAGE 8-9
**韋伯望遠鏡概念圖**
Credit: NASA

### PAGE 10-11
**第一節 細究宇宙時空**
Artwork credit: NASA, and A. Feild (STScI) Model credit: Northrop Grumman, NASA, and G. Bacon (STScI)

### PAGE 13
**韋伯望遠鏡3D圖**
Credit: NASA, and Northrop Grumman Corporation

### PAGE 14-15
**Spiral Galaxy NGC 4911 in the Coma Cluster**
Credit: NASA, ESA and the Hubble Heritage Team (STScI/AURA)
**Ancient Galaxy Cluster Still Producing Stars**
Credit: NASA/JPL-Caltech/K. Tran (Texas A&M Univ.)
**Artist's View of Extrasolar Planet HD 189733b**

Credit: NASA, ESA, and G. Bacon (STScI)

### PAGE 17
Credit: NASA, ESA, and Hubble SM4 ERO Team

### PAGE 18-19
- Visible image credit: NASA, ESA, S. Beckwith (STScI), and The Hubble Heritage Team (STScI/AURA)
- Near-infrared image credit: 2 Micron All-Sky Survey (2MASS) project, UMass/IPAC-Caltech
- Mid-infrared image credit: NASA/ JPL-Caltech/ R. Kennicutt (Univ. of Arizona)
Artwork credit: Gemini Observatory, courtesy of L. Cook Science credit: NASA, ESA, and K. Todorov and K. Luman (Penn State University)

### PAGE 20-21
Diagram credit: NASA and STScI Science credit: NASA, ESA

### PAGE 22-23
**時間軸：**
- 1800 image credit: Lemuel Francis Abbott
- Early 1920s image credit: Larry Webster, Mount Wilson Observatory
- 1967 image credit: Hi Star
- 1974 image credit: NASA
- 1983 image credit: Infrared Processing and Analysis Center, Caltech/JPL
- 1995 image credit: ESA/ISD VisuLab

### PAGE 24-25
**時間軸：**
- 1997 (1) image credit: Photo by Rae Stiening

- 1997 (2) image credit: NASA
- 2003 image credit: NASA/JPL-Caltech/R. Hurt (SSC)
- 2009 image credit: NASA
- 2010 image credit: DLR/DSI
- JWST ("Future") image credit: NASA

第二節 巨大的太空鏡面
**PAGE 26-27**
Credit: NASA/MSFC/David Higginbotham/ Emmett Given

**PAGE 28-29**
Illustration credit: NASA, ESA, A. Field and C. Godfrey (STScI) Science Credit: NASA, ESA, G. Illingworth (University of California, Santa Cruz), R. Bouwens (University of California, Santa Cruz, and Leiden University), and the HUDF09 Team

第二章 科學概述
**PAGE 30-31**
背景圖
Artwork credit: NASA, and A. Feild (STScI)
Disk credit: ESO/L. Calçada
Galaxies credit: NASA, ESA, S. Beckwith (STScI) and the HUDF Team

**PAGE 32-33**
背景圖
Credit: ESO/L. Calçada

第一節 從黑暗時期到第一道光
**PAGE 34-35**
Credit: NASA/Goddard Space Flight Center and the Advanced Visualization Laboratory at the National Center for Supercomputing and B. O'Shea, M. Norman

**PAGE 36-37**
Webb's Deep-Core Sample of the Universe
Credit: NASA, ESA, and A. Feild (STScI)

**PAGE 39**
- A Giant Hubble Mosaic of the Crab Nebula
  Credit: NASA, ESA, J. Hester and A. Loll (Arizona State University)
- Cassiopeia A: Colorful, Shredded Remains of Old Supernova
  Credit: NASA and The Hubble Heritage Team(STScI/AURA)

**PAGE 40-41**
- Gaseous Streamers from Nebula N44C Flutter in Stellar Breeze
  Credit: NASA and The Hubble Heritage Team(STScI/AURA)
- Celestial Fireworks: Sheets of Debris From a Stellar Explosion (N 49, DEM L 190)
  Credit: NASA and The Hubble Heritage Team (STScI/AURA)
- Supernova Remnant N 63A Menagerie
  Credit: NASA, ESA, HEIC, and The Hubble Heritage Team (STScI/AURA)
- Close-Up Visible Light Image of Kepler's Supernova Remnant
  Credit: NASA, ESA

**PAGE 42-43**
Credit: NASA, ESA, G. Illingworth (University of California, Santa Cruz),

R. Bouwens (University of California, Santa Cruz, and Leiden University), and the HUDF09 Team

**影片**
HUDF image credit: NASA, ESA, S. Beckwith
(STScI) and the HUDF Team
Galaxy separation credit: NASA and F. Summers(STScI)

**第二節 宇宙網**
**PAGE 44-47**
**影片與截圖**
Credit: NASA/Goddard Space Flight Center and the Advanced Visualization Laboratory at the National Center for Supercomputing Applications

**背景圖片**
Credit: The Millennium Simulation Project, Max-Planck-
Institute for Astrophysics, Springel et al. (Virgo Consortium), 2005

**第三節 宇宙的基本單位**
**PAGE 48-49**
**影片**
Credit: NASA/Goddard Space Flight Center and the Advanced Visualization Laboratory at the National Center for Supercomputing Applications, B. Robertson, L. Hernquist

**PAGE 50-51**
**宇宙微波背景輻射**
Credit: NASA/WMAP Science Team

**星系序列**
- HUDF WFC3/IR
  Credit: NASA, ESA, G. Illingworth and R. Bouwens (University of California, Santa Cruz), and the HUDF09 Team

- Elliptical Galaxy NGC 1132 - Hubble
  Credit: NASA, ESA, and the Hubble Heritage (STScI/AURA)-ESA/ Hubble Collaboration
- Hubble Interacting Galaxy NGC 6050
  Credit: NASA, ESA, the Hubble Heritage (STScI/AURA)-ESA/Hubble Collaboration, and K. Noll (STScI)
- The Antennae Galaxies/NGC 4038-4039
  Credit: NASA, ESA, and the Hubble Heritage Team (STScI/AURA)-ESA/ Hubble Collaboration
- Spiral Galaxy M74
  Credit: NASA, ESA, and the Hubble Heritage (STScI/AURA)-ESA/ Hubble Collaboration
- Barred Spiral Galaxy NGC 1300
  Credit: NASA, ESA, and The Hubble Heritage Team (STScI/AURA)

**PAGE 52-53**
**仙女座星系**
Credit: Bill Schoening, Vanessa Harvey/ REU
program/NOAO/AURA/NSF

**PAGE 54-55**
Credit: NASA, ESA, Sloan Digital Sky Survey, R. Delgado-
Serrano and F. Hammer
(Observatoire de Paris)

**第四節 新恆星，新世界**
**PAGE 56-57**
Credit: NASA,ESA, M. Roberto (Space Telescope Science Institute/ESA) and the Hubble Space Telescope Orion Treasury Project Team

**PAGE 58**
Credit: NASA,ESA, M. Roberto (Space Telescope Science Institute/ESA) and

the Hubble Space Telescope Orion Treasury Project Team and L. Ricci (ESO)

**PAGE 59-**
影片
Credit: NASA/Goddard Space Flight Center and the National Center for Supercomputing Applications

**PAGE 60-61**
熱木星
Illustration credit: NASA and G. Bacon (STScI/AVL) Science credit: NASA, D. Charbonneau (Caltech & CfA), T. Brown (NCAR), R. Noyes (CfA) and R. Gilliland (STScI)

北落師門b
Credit: NASA, ESA, P. Kalas, J. Graham, E.
Chiang, E. Kite (University of California, Berkeley), M. Clampin (NASA Goddard Space Flight Center), M. Fitzgerald (Lawrence Livermore National Laboratory), and K. Stapelfeldt and J. Krist (NASA Jet Propulsion Laboratory)

**PAGE 62-63**
• Three-Trillion-Mile-Long Jet From a Wobbly Star (HH 47)
  Credit: J. Morse/STScI, and NASA
• Cosmic Skyrocket
  Credit: NASA, ESA, and the Hubble Heritage Team (STScI/AURA)
• Mystic Mountain Jet Detail
  Credit: NASA, ESA, and M. Livio and the Hubble 20th Anniversary Team (STScI)
• Reddish Jet of Gas Emanates From Forming Star HH-30
  Credit: C. Burrows (STScI & ESA),

the WFPC 2

第五節 有生命的行星
**PAGE 64-71**
系外行星
• Artist's View of Extrasolar Planet HD 189733b Credit: NASA, ESA, and G. Bacon (STScI)
•Planetary System in the Cygnus constellation
  Credit: NASA/JPL-Caltech
• Transiting exoplanet HD 189733b
  Credit: ESA - C. Carreau
• Giant Planet
  Credit: NASA/JPL-Caltech/T. Pyle (SSC)

**PAGE 72-73**
影片
Credit: NASA, T. Davis and A. Feild (STScI)

**PAGE 74-75**
適居帶模型
Credit: NASA and A. Feild (STScI)

HD 209458b大氣結構
Credit: NASA, ESA, and A. Feild (STScI)

**PAGE 76-77**
Illustration credit: NASA and A. Feild (STScI) Science credit: NASA and M. C. Turnbull (STScI)

**PAGE 78-79**
繞行冷恆星的假想行星表面環境
Credit: NASA/JPL-Caltech/T. Pyle (SSC)

第三章 太空望遠鏡
**PAGE 80-81**
韋伯望遠鏡前視圖
Artwork credit: NASA and A. Feild

(STScI) Model credit: Northrop
Grumman Corporation, NASA and G.
Bacon (STScI)

**PAGE 82-83**
韋伯望遠鏡線圖
Line drawings of Webb
Credit: Northrop Grumman
Corporation

**PAGE 84-85**
Credit: NASA

**PAGE 86-87**
Credit: NASA

**PAGE 88-89**
第一節 遮陽罩與冷卻系統
Credit: Northrop Grumman Aerospace
Systems

**PAGE 90-91**
Credit: Northrop Grumman

**PAGE 92-93**
Credit: NASA, G. Bacon, A. Feild, T.
Davis and T. Darnell (STScI)

**PAGE 94-95**
Credit: NASA

第二拉格朗日點
Credit: NASA, ESA, Goddard Space
Flight Center and C. Godfrey (STScI)

**PAGE 97-99**
• 1/3-scale sunshield
  Credit: Nexolve
• Sunshield test article
  Credit: Northrop Grumman
  Aerospace Systems
• Full-scale sunshield pathfinder
  Credit: Northrop Grumman
  Aerospace Systems
• Full-scale sunshield pathfinder,
  close-up

  Credit: Northrop Grumman
  Aerospace Systems
• Sunshield test article, center portion
  Credit: Northrop Grumman
  Aerospace Systems

第二節 鏡面
**PAGE 100-101**
Credit: NASA/MSFC/David
Higginbotham

**PAGE 102-103**
Credit: STScI

**PAGE 104-105**
Credit: NASA/Goddard Space Flight
Center

韋伯望遠鏡線圖
Credit: Northrop Grumman
Corporation

**PAGE 106-107**
Credit: NASA/Goddard Space Flight
Center

**PAGE 109-111**
建造主鏡
• Uncoated primary mirror segments
  prepared for testing at Marshall Space
  Flight Center
  Credit: NASA/MSFC/Emmett Givens
• Engineering Design Unit primary
  mirror segment with gold coating
  Credit: Drew Noel
• Engineering Design Unit primary
  mirror segment being inspected on
  arrival at Goddard Space Flight
  Center
  Credit: NASA/Chris Gunn
• Primary mirror segments ready for
  cryogenic testing at Marshall Space
  Flight Center
  Credit: NASA/MSFC/David
  Higginbotham

- Six of the primary mirror segments after cryogenic testing at Marshall Space Flight Center
  Credit: NASA/Emmett Givens

**PAGE 112-113**
副鏡和第三鏡
- Tertiary mirror in the Aft Optics Bench
  Credit: Ball Aerospace
- Secondary mirror
  Credit: Ball Aerospace
- Tertiary mirror
  Credit: Ball Aerospace/Ben Gallagher and Quantum Coating Incorporated

**PAGE 113**
Credit: NASA and M. Estacion (STScI)

第三節 工程系統
**PAGE 114-115**
Credit: NASA/GSFC/Chris Gunn

**PAGE 117**
Credit: Northrop Grumman Corporation

**PAGE 118-119**
- ISIM in the Helium Shroud for cryogenic testing
  Credit: NASA/Chris Gunn
- ISIM in final phases of assembly
  Credit: Alliant Techsystems Inc. (ATK)
- Goddard Engineers conducting measurements on the ISIM
  Credit: NASA/Chris Gunn
- Engineer preparing ISIM for cryogenic testing
  Credit: NASA/Chris Gunn

第三節 儀器
**PAGE 120-121**
Credit: Stephen Kill, STFC

**PAGE 122-123**
Credit: Northrop Grumman Corporation

**PAGE 124-125**
- NIRCam engineering test unit optical bench prepared for testing
  Credit: Lockheed Martin
- Fully assembled NIRCam flight modules with "Go Girl Scouts" engraving
  Credit: NIRCam Team, University of Arizona
- NIRCam team bonding the two halves of the NIRCam bench with epoxy
  Credit: Lockheed Martin

**PAGE 127-129**
- NIRSpec flight instrument being assembled
  Credit: Astrium/NIRSpec
- NIRSpec filter wheel mechanism
  Credit: Carl Zeiss/Max Planck Institute for Astronomy
- NIRSpec Micro Shutter Array
  Credit: Astrium/NIRSpec
- NIRSpec Pick-off mirror inspection
  Credit: Astrium/NIRSpec
- A NIRSpec detector from the Engineering Design Unit
  Credit: NASA/Catherine Lilly
- NIRSpec prepared for vibration testing
  Credit: EADS Astrium

**PAGE 130-133**
- MIRI flight instrument
  Credit: Science and Technology Facilities Council (STFC)/RAL Space
- FPreparing MIRI for testing
  Credit: STFC/RAL Space
- Flight model of the MIRI filter wheel
  Credit: Max Planck Institute for

Astronomy/Carl Zeiss
- MIRI undergoing alignment testing
  Credit: Science and Technology
  Facilities Council (STFC)
- MIRI being inspected upon delivery
  at Goddard Space Flight Center
  Credit: NASA/Chris Gunn
- Integration of the harnesses onto the
  flight model MIRI
  Credit: Rutherford Appleton
  Laboratory, MIRI European
  Consortium and JPL

**PAGE 134-137**
- FGS/NIRISS arrives at Goddard Space
  Flight Center
  Credit: NASA/Chris Gunn
- FGS/NIRISS being lifted for
  measurement
  Credit: NASA/Chris Gunn
- Post-inspection covering for FGS/
  NIRISS
  Credit: NASA/Chris Gunn
- Flight model of FGS undergoing
  cryogenic testing
  Credit: COMDEV, CSA
- FGS about to undergo cryogenic
  testing
  Credit: COMDEV, CSA

第五節 太空漫遊
**PAGE 138-139**
Credit: ESA, CNES and Arianespace/
Photo Optique Vidéo CSG

**PAGE 140-141**
亞利安5號火箭
Credit: Arianespace, ESA and NASA

影片
Credit: NASA

**PAGE 142**
Credit: STScI

第四章 結語
**PAGE 144-145**
韋伯望遠鏡後視圖
Artwork credit: NASA and A. Feild
(STScI)
Model credit: Northrop Grumman,
NASA and G. Bacon (STScI)

**PAGE 148**
Credit: NASA and C. Godfrey (STScI)

**PAGE 149-151**
- Atacama Large Millimeter/
  submillimeter Array
  Credit: ESO/NAOJ/NRAO
- Large Synoptic Survey Telescope
  Credit: LSST Corporation
- Giant Magellan Telescope
  Credit: The GMTO Corporation
- E-ELT
  Credit: ESO
- Thirty Meter Telescope
  Credit: TMT Observatory
  Corporation
- WFIRST
  Credit: JDEM Interim Science
  Working Group, GSFC, NASA

**PAGE 153**
Credit: NASA

圖片出處
**PAGE 154-155**
韋伯望遠鏡上視圖
Webb Telescope Illustration from Above
Artwork credit: NASA and A. Feild
(STScI) Model credit: Northrop
Grumman, NASA and G. Bacon (STScI)

## 名詞解釋

### 自適應光學（Adaptive optics）

這是一種可以用來彌補大氣擾動的技術。這個技術藉由快速地調整光學儀器中光線的路徑，來消弭視相效應（seeing effects），使望遠鏡能夠獲得更好的解析度，也就是更接近它設計上可達到的解析力。

### 角分（Arcminute）

一角分是一角度的1/60。從地球上看，滿月或太陽的角直徑約為30角分。相關內容見第三章儀器部分。

### 原子（Atom）

具有化學特性物質的最小組成單位。所有的原子都具有相同的基本構造：一個帶有正電質子的原子核，外圍環繞著數量相同、帶負電的電子。大多數的原子核除了質子之外，還包含與質子質量相近的不帶電中子。每個原子當中原子核的質子數量，會對應到一個獨特的化學元素。

### 大霹靂（Big Bang）

這是科學界廣泛接受的宇宙起源和演變理論。這個理論認為，人類可觀測到的宇宙大約是在137億年前，從一個極為緻密、高溫的初始狀態開始發展。相關內容見第二章〈黑暗時期到第一道光〉一節。

### 宇宙微波背景輻射
### （Cosmic microwave background radiation）

科學家認為這種充滿了整個宇宙的輻射能量，是大霹靂遺留下來的產物，有人稱之為「原始餘暉」（primal glow）。這個輻射在光譜中的微波波段中強度最強，但也能在電波和紅外線波段中偵

測到。對不同天區所測得的宇宙微波背景強度幾乎是完全相同的。相關內容見第二章〈黑暗時期到第一道光〉一節。

## 宇宙射線（Cosmic rays）

以接近光速在太空中移動的高能原子粒子，又稱為宇宙射線粒子。相關內容見第三章〈遮陽罩與低溫技術〉一節。

## 電磁光譜（Electromagnetic spectrum）

電磁輻射的整個波長範圍，包括無線電波、微波、紅外線、可見光、紫外線、X 射線和伽馬射線。相關內容見第一章〈細究宇宙時空〉一節。

## 電子（Electrons）

位於原子核外圍帶負電的基本粒子，藉由電磁力與原子核結合在一起。一個電子的質量很小：1836個電子的總質量等於一個質子的質量。相關內容見第二章〈黑暗時期到第一道光〉一節。

## 星系（Galaxies）

恆星、氣體和塵埃由重力結合在一起的集合體。最小的星系可能只有幾十萬顆恆星，最大的星系則可能有數千億顆以上的恆星。我們的太陽系所在的星系為銀河系。星系按照形狀來分類：圓形或橢圓形的稱為橢圓星系，具有風車結構的星系稱為螺旋星系，其他所有不像橢圓星系或螺旋星系的都被稱為不規則星系。相關內容見第一章〈細究宇宙時空〉一節。

## 較重的元素（Heavier elements）

氫和氦是宇宙中最簡單、含量也最多的兩種元素。其他更複雜的元素，例如碳、氮和氧，是氫和氦經由核融合反應所產生的。天

文學家稱所有比氫和氦更重的元素為「重元素」。相關內容見第
二章〈黑暗時期到第一道光〉一節。

### 紅外線（Infrared）
紅外線在電磁光譜中的能量比可見光稍微低一點，但人眼無法看
見。就如同有些聲音是人類聽不到的低頻聲音一樣，也有人眼看
不見的低能量光線。紅外線可以用來偵測溫血動物發出的熱。相
關內容見第一章〈前言〉。

### 麥哲倫雲（Magellanic Clouds）
麥哲倫雲是兩個不規則的矮星系，分別稱為大麥哲倫雲（LMC）
和小麥哲倫雲（SMC）。這兩個星系都屬於本星系群——由30多
個星系所組成的小群體，其中包括仙女座大星系和我們的銀河
系。麥哲倫雲中較靠近我們的是LMC，距離地球16萬8000光年。
兩個矮星系都可以在南方夜空中用肉眼觀察到。相關內容見第二
章〈宇宙的基本單位〉一節。

### 微波（Microwaves）
介於紅外線和無線電波之間的電磁波波段，波長約在1毫米到1公
尺之間。

### 中性原子（Neutral atoms）
正電荷與負電荷數量相同的原子。相關內容見第二章〈黑暗時期
到第一道光〉一節。

### 核融合（Nuclear fusion）
一種核反應過程，由幾個較輕的原子核合成一個較重的原子核，
質量會略小於較輕原子核的質量總和。其中損失的質量，經由

愛因斯坦著名的方程式轉變為能量（能量＝質量乘以光速的平方）。核融合是太陽和恆星發出的能量來源。相關內容見第二章〈新恆星，新世界〉一節。

## 質子（Protons）
每個原子核中帶正電的基本粒子。相關內容見第二章〈黑暗時期到第一道光〉一節。

## 類星體（Quasar）
這是最亮的一種活躍星系核（active galactic nucleus），由中心的超大質量黑洞所驅動。「類星體」一詞衍生自「類似恆星的無線電波源」（quasi-stellar radio source），因為這種天體剛發現時被認為是一種無線電波的發射源。類星體也簡稱為QSOs（quasi-stellar objects）。目前觀測到的類星體已經有數千個，都距離我們銀河系非常遙遠。

## 再電離（Reionizing）
這是早期宇宙在黑暗時期之後的一段時期，此時星系間充滿了低密度氫氣，這些瀰散的物質被第一代恆星和類星體發出的紫外線加熱，進而游離出電子產生電離現象。相關內容見第二章〈科學概述〉。

## 解析度（Resolution）
望遠鏡可以辨別出兩個相鄰天體為個別天體時的最小距離。相關內容見第一章〈細究宇宙時空〉一節。

## 衝擊波（Shockwaves）
一種以超音速傳播的高壓波，通常因爆炸而產生。相關內容見第

二章〈宇宙的基本單位〉一節。

### 光譜的（Spectroscopic）
可以將電磁輻射分散成多種頻率和波長的能力，藉以進行詳細的研究。光譜儀的功能類似稜鏡，可將白光分散成連續分布的彩虹。相關內容見第二章〈宇宙的基本單位〉一節。

### 次原子粒子（Subatomic particles）
組成原子的粒子，例如質子、電子和中子。相關內容見第二章〈黑暗時期到第一道光〉一節。

### 超新星（Supernovae）
大質量恆星死亡時發生爆炸而形成的天體，釋放的能量會導致周圍擴散的氣體在接下來的數週或數個月內發出明亮的光芒。超新星殘骸（supernova remnant）是指超新星爆炸後遺留下來，持續發光、擴張的氣態物質。相關內容見第二章〈黑暗時期到第一道光〉一節。

### 波長（Wavelengths）
光波可藉由波長（以奈米為單位）或頻率（以赫茲為單位）來測量。一個波長等於是兩個連續波峰或波谷之間的距離。無線電波的波長從15公分到2公里；而X射線的波長則大約是幾個原子的大小。相關內容見第一章〈細究宇宙時空〉一節。